MEMOIRES
POUR SERVIR
A L'HISTOIRE
DES PLANTES.

Dreſſez par M. DODART, *de l'Academie Royale des Sciences,*
Docteur en Medecine de la Faculté de Paris.

M. De Bardouillé, *conſ.*

A PARIS,
DE L'IMPRIMERIE ROYALE.

M. DC. LXXVI.

AVERTISSEMENT.

CE Livre est l'Ouvrage de toute l'Academie. Il n'y a personne de ceux dont elle est composée qui n'en ait esté le Juge, & qui n'y ait au moins contribué quelques avis. MM. du Clos, Borel, Perrault, Galois, Mariotte, l'ont examiné en leur particulier ; & la matiere de cét Ouvrage est le resultat des propositions, des experiences, & des reflexions de plusieurs particuliers de l'Assemblée. Il est donc de mon devoir d'avertir le Public, qu'il doit à M. du Clos & à M. Borel, presque tout ce qu'il y a de Chymie ; Que M. Perrault & M. Mariotte y ont beaucoup donné de leurs soins & de leurs meditations ; Que M. Bourdelin a executé & conduit presque toutes les operations Chymiques, donné plusieurs avis, fait plusieurs remarques, & tenu la pluspart des Registres, d'où j'ay tiré les experiences Chymiques dont il est parlé dans ce Livre ; Que nous devons aux soins & aux correspondances de M. Marchand, presque toutes les Plantes rares que nous donnons, & qu'il nous a donné les noms des Plantes non encore descrites, leurs Descriptions & leur Culture ; Que M. Perrault a beaucoup travaillé à confronter ces Descriptions avec le naturel en presence de la Compagnie, qui en a jugé tant dans ce premier examen, que dans le rapport qui a esté fait des mesmes Descriptions retouchées : aprés quoy elles ont esté mises en l'estat où on les abandonne, comme tout le reste de l'Ouvrage, au jugement des personnes habiles & équitables.

ĕ

PROJET
DE L'HISTOIRE
DES PLANTES.

I.
Deffein de cet Ou-
vrage.

ORSQUE l'Academie a entrepris d'efcrire l'Hiftoire naturelle des Plantes, elle n'a pas ignoré quelle eftoit l'eftenduë & la dif- ficulté de fon deffein. Comme c'eft une matiere qui a efté trai- tée par les plus excellens Philofophes de tous les Siecles, & qui a fait les delices de plufieurs Princes, qui n'ont rien efpar- gné pour fatisfaire une curiofité fi loüable, elle a bien veû qu'il luy feroit malaifé d'encherir fur tant d'excellens travaux, & de faire un ouvrage qui refpondift à ce qu'on peut attendre d'elle, & fur tout qui euft quelque proportion à la grandeur du Mai- ftre pour qui elle travaille. Mais elle n'a pas defefperé de remplir ces devoirs, quoy que tres difficiles, quand elle a confideré les fecours qu'elle reçoit de la protection & de la munificence de ce grand Prince, qui luy donne les moyens d'entrer dans ce travail par des voyes nouvelles, & qui ayant affemblé plufieurs perfonnes pour travailler dans un mefme efprit au mefme deffein fans relafche & fans precipitation, & pour examiner les penfées des Philofophes par l'experience, & les experiences par leurs propres yeux, femble avoir trouvé le feul moyen d'avancer les Sciences, qui n'a jamais efté effayé par aucun de ce grand nombre de Souverains qui les ont aimées. Mais comme les per- fonnes que le Roy a affemblées pour ce deffein font perfuadées qu'elles pourront ex- trefmement profiter des lumieres de ceux qui font une eftude particuliere des Plantes & de la Chymie, la Compagnie a crû les devoir confulter fur les moyens qu'elle fe propofe de tenir dans fon travail, pour s'y confirmer, ou y changer & adjoufter felon les divers avis qui luy en feront donnez.

Nous nous fommes donc refolus de donner au public noftre Projet de l'Hiftoire des Plantes, de rendre compte du fuccez des experiences que nous avons faites, & de pro- pofer ce que nous croyons devoir faire à l'avenir, afin d'exciter les Sçavans & les per- fonnes exercées en ces matieres à nous communiquer leurs penfées. Nous attendons d'eux en cela ce que le bien public leur demande; & nous leur promettons qu'en- core que tout ce que chacun de nous aura contribué à l'avancement de ce deffein doive paroiftre fous le nom de la Compagnie, nous ne laifferons pas de nommer dans nos Memoires imprimez les perfonnes qui auront contribué quelque chofe à la perfe- ction de cet ouvrage.

A

Quelque foin que les Autheurs de l'Hiftoire des Plantes qui ont efcrit dans ces deux derniers fiecles ayent pris d'efclaircir les difficultez qui fe trouvent dans les Anciens fur cette matiere, de rapporter leurs obfervations, & d'enrichir cette Hiftoire d'un grand nombre de Plantes inconnuës aux Anciens; il eft certain qu'ils ont laiffé beaucoup à defirer dans cette partie de l'Hiftoire naturelle. Plufieurs difficultez ont efté decidées fur des raifons qui laiffent beaucoup de doutes, & d'autres font demeurées indecifes: ces Autheurs n'ont fouvent fait que copier les obfervations de ceux qui les ont precedez, & ne nous ont ordinairement fait conoiftre que le dehors des Plantes qu'ils ont adjouftées à cette Hiftoire. On en defcouvre tous les jours de nouvelles, & il refte beaucoup à adjoufter à la conoiffance de celles que l'on conoift le plus. Il feroit à fouhaiter que l'on verifiaft par experience les obfervations qui font rapportées fur ces Plantes; que l'on examinaft par la mefme voye fur chaque efpece de Plantes les penfées des Chymiftes fur la refolution de cette forte d'eftres, & que l'on adjoutaft à cette connoiffance de nouvelles obfervations, & de nouvelles recherches, pour parvenir à quelque defcouverte utile au Public.

Il y auroit de l'injuftice à blafmer ces Autheurs, d'avoir laiffé tant de chofes utiles à faire à ceux qui les fuivront. C'eft beaucoup qu'ils nous ayent aidé à reconnoiftre une partie de cinq à fix cens Plantes dont les Anciens nous avoient laiffé des defcriptions fort imparfaites, & qu'ils y en ayent adjoufté plus de cinq mille. Le deffein de fuppléer ce qui manque à cette connoiffance eftoit trop grand pour des particuliers. Nous ofons dire qu'il eft digne du Roy, & tout ce que nous pouvons faire, eft d'y contribuër le plus qu'il nous fera poffible, & d'exciter le Public à concourir avec nous à l'avancement de ce Deffein.

Nous dirons donc ce que nous avons fait, & ce que nous avons refolu de faire en ce qui regarde 1. la Defcription des Plantes. 2. leurs Figures. 3. leur Culture. 4. leurs Vertus, & les Recherches que l'on peut faire, & celles que nous avons faites, pour donner lieu de reconnoiftre la conftitution des Plantes.

CHAPITRE I.

DE LA DESCRIPTION DES PLANTES.

I.
Defcription indivi-
duelle des Plantes
tres-rares.

L A Defcription des Plantes que l'on connoift affez, fera énoncée à l'ordinaire comme de toute l'efpece ; mais nous ne donnerons qu'une Defcription individuelle des Plantes eftrangeres qui feront fi rares que nous n'aurons pû les obferver plufieurs années de fuite. On voit affez la raifon de cette difference.

II.
Defcriptions parti-
culieres de certaines
parties de quelques
Plantes.

Entre les Plantes, il y en a qui comprennent un fi grand nombre de circonftances, qu'il n'eft pas poffible de les defcrire exactement en peu de mots. Nous avons donc crû qu'aprés que nous aurons donné l'idée de toute la Plante, il fera bon de defcrire exactement chacune des parties qui meriteront d'eftre traitées plus en deftail. Par exemple, on pourroit fe contenter de dire, pour defcrire fommairement l'Abfinte vulgaire, que c'eft une efpece de Soufarbriffeau à plufieurs tiges droites, branchües, de deux à trois coudées, mediocrement garnies de feüilles d'un verd blanchaftre, decoupées en feüille de Perfil ; que les branches finiffent en une efpece de grappe compofée de petites fleurs clair-femées, fpheriques, de la groffeur des grains de Coriandre, jaunes avec une legere teinte de verd, entre-femées de petites feüilles ; & adjoufter à cela la faveur & l'odeur. Aprés quoy on pourroit defcrire en particulier, & à loifir, chacune des parties qui demanderoit une Defcription particuliere.

Mais

Mais afin que l'on voye d'autant mieux les raifons de la penfée que nous avons de donner deux Defcriptions de quelques Plantes , il eft à propos de dire icy que nous avons creu devoir defcrire en plufieurs rencontres quelques parties que l'on ne s'eft pas encore avifé de defcrire, comme les petites fleurs, dont quelques fleurs font compofées, & quelques circonftances de ces parties, que l'on ne decouvre que quand on les obferve avec beaucoup d'attention. Nous avons aufli refolu de donner en deftail la Defcription de quelques circonftances particulieres de la Germination & de la Radication de quelques Plantes ; & de defcrire l'Interieur de quelques-unes de leurs parties, autant que nous ferons capables de le conoiftre par la diffection. Cela comprend la Defcription de la ftructure interieure de quelques Semences , de quelques Germes, & de quelques Racines naiffantes; la Defcription des Fibres, & de leurs Intervalles, tant de la racine adulte que du tronc, des Pedicules, & de leurs enveloppes. Nous examinerons aufli les Abouchemens de quelques Pedicules, tant avec les branches, qu'avec les Feüilles, ou avec le Fruit; la ftructure interieure des Feüilles, & du Fruit, & les changemens qui y arrivent jufques à fa perfection. Nous avons mefme jugé devoir faire mention dans ces Defcriptions, de plufieurs chofes que l'on ne peut voir ordinairement qu'avec le microfcope. Or il eft aifé de voir qu'une feule defcription ne peut comprendre tout cela; & que quand il feroit poffible de le reduire en un feul article, la memoire en feroit accablée.

I I I.
Quelle eftenduë, & quelle exactitude la Compagnie s'eft propofée dans ces Defcriptions.

Nous tafcherons de ne pas porter cette exactitude trop loin. Ce qui fuit en fera voir les raifons , & les bornes dans lefquelles nous croyons nous devoir renfermer.

I V.
Raifons de cette exactitude.

1. Il feroit à defirer que chaque Plante fuft defcrite de telle forte, qu'il fuft comme impoffible de la confondre avec aucune de celles qui font desja decouvertes; & mefme, fi l'on ofe le dire, avec aucune de celles que l'on pourra defcouvrir. Or plus on exprimera de circonftances dans la Defcription, plus on fera affeuré qu'elle diftinguera la Plante dont elle eft enoncée, de toutes les autres Plantes, parce qu'il eft rare de fe rencontrer en un grand nombre de circonftances. On previendra donc par ce moyen toutes les occafions de ces doutes fans fin, que l'exceffive brieveté , ou l'inapplication des Anciens nous ont laiffées en fi grand nombre. Car, qu'y a-t-il de plus facile, que de faire paffer une Plante pour une autre tres-differente, quand par exemple on ne luy donne point d'autres marques, que d'avoir plufieurs tiges branchuës, des feuilles comme celles de la Coriandre, & des fleurs jaunes au milieu, & blanches dans leur tour? Ce qui ne convient pas mieux à la Matricaire, qu'à beaucoup d'autres. Cependant, Diofcoride s'eft contenté de ce peu de marques, pour defcrire le Parthenium, qu'on n'auroit point de peine à reconoiftre & à diftinguer, fi cet Auteur eftoit un peu plus entré dans la diftinction des parties.

2. Comme il y a beaucoup plus de differens contours & de nüances de couleurs, que de termes pour les exprimer, il ne fe peut qu'on ne foit tres-fouvent obligé de fe contenter d'un mot trop general, & par confequent equivoque. Par exemple, *avoir les feüilles profondement decoupées* , eft une expreffion commune à la defcription de la Camomille, du Peucedanum, du Fenoüil, des hautes feüilles de la Coriandre, & de plufieurs autres Plantes qui ne laiffent pas d'avoir les feüilles fort differentes les unes des autres. C'eft pourquoy, fi on n'ajoufte à la defcription des Plantes, dans lefquelles on rencontre de ces fortes de circonftances, d'autres marques qui les diftinguent, il pourroit arriver qu'elles demeureroient confufes entre elles.

3. Pour ce qui regarde la defcription des germinations, & des radications, & de tout ce qui eft compris fous le mot de diffection, on void les ufages que l'on en peut tirer pour la decouverte des caufes & des circonftances de la naiffance, de la nutrition, de l'accroiffement & de la mort de tout ce qui a quelque vie. Par exemple, on pourroit examiner fi ce laffis qui paroift dans la plufpart des feüilles, eft compofé de vaiffeaux creux, qui fervent d'arteres & de veines, ou feulement de filets, qui fervent de chaifne pour la tiffure de la chair: Si ce fuc coloré, qui fort des Plantes laicteufes coupées, fort des fibres, ou de leurs intervalles : Si la ftructure des vaiffeaux des feüilles, & leurs

B

emboucheures mutüelles font telles, qu'on en puiſſe deduire quelque conſequence favorable au double mouvement du ſuc dont ſe nourriſſent les Plantes, c'eſt à dire, au
mouvement qui paſſe des racines à l'extremité des branches, & à celuy qui paſſe de
l'extremité des branches vers les racines, ſuivant la propoſition qui fut faite il y a pluſieurs années par une perſone de la Compagnie, qui l'appuya de pluſieurs conjeĉtu-
res, que l'experience a depuis confirmées: Sçavoir, ſi les poils des feüilles, ou des tiges
de quelques Plantes ſont creux, & ſervent à la nutrition, comme une autre perſonne
de la Compagnie le ſoupçonoit ſur des remarques qu'il a faites, & qui rendent cette
opinion aſſez probable: Sçavoir, ſi comme il paroiſt ſur les feüilles de l'Hypericum, de
petites ouvertures, au moins d'un coſté, il y auroit moyen d'en decouvrir d'autres plus
cachées en d'autres feüilles, & pluſieurs autres circonſtances que nous examinerons
ſelon les rencontres & les penſées qui pourront venir dans l'eſtude de ces choſes. Ce
ſont à peu pres les raiſons de l'exaĉtitude & de l'eſtenduë que la Compagnie ſe propoſe
dans les deſcriptions.

M. Perrault le 15. Janvier 1667.

M. Mariotte le 30. Juin 1668.

*V.
Regle de cette exa-
ĉtitude.*

Mais, parce qu'il ſeroit trop long, & ſouvent inutile, de remarquer tout, & de donner au public tout ce qu'on remarque: nous avons creu devoir nous attacher particulierement à remarquer, *1.* les circonſtances qui peuvent ſuppléer au defaut des diſtinĉtions ſenſibles dans les Plantes differentes qui ſont aſſez ſemblables pour ne pas avoir
de ces differences ſenſibles qu'on peut exprimer ſans equivoque, comme il ſera expliqué. *2.* celles qui marquent quelque induſtrie particuliere de la nature. *3.* tout ce qui
peut ſervir à decouvrir les uſages des parties; à refuter, ou à confirmer ceux qui ſont
desja receus; enfin tout ce qu'on jugera pouvoir de quelque maniere que ce ſoit contribuer quelque choſe à la conoiſſance de la Nature.

Si nous pouvons porter ces recherches auſſi loin que nous le deſirons, il ne ſera pas
poſſible que nos Deſcriptions ſoient courtes. Mais ſi nous les pouvons exprimer bien
nettement, & en auſſi peu de paroles qu'il eſt poſſible, on peut dire qu'elles ne ſeroient
longues que par l'abondance des choſes agreables & utiles qu'elles contiendroient. A
l'occaſion de quoy nous devons dire, que nous ne croyons pas nous devoir abſtenir
de faire pluſieurs remarques de l'utilité deſquelles on ne s'appercevra pas d'abord; parce
que nous eſperons qu'elle pourra paroiſtre dans la ſuite, & que cela ſuffit à une Compagnie qui eſt eſtablie beaucoup plus pour obſerver la Nature, que pour marquer les
bornes de ſon pouvoir, & prevenir ſes intentions, & qui ſçait par l'experience des
ſiecles paſſez, que beaucoup d'obſervations qui paroiſſoient inutiles dans leur commencement, ſe ſont terminées à des uſages d'une extreme importance. Cela ſuffira, pour
juſtifier noſtre exaĉtitude, & l'idée que nous avons d'une Deſcription telle que nous ſou-
haiterions la pouvoir faire.

*VI.
Diſtinĉtion des
Plantes differentes
qui paroiſſent ſem-
blables.*

Afin que ces Deſcriptions ſervent à diſtinguer entre elles des Plantes differentes,
qui paroiſſent ſemblables; nous ne remarquerons pas ſeulement les circonſtances d'où
reſultent les differences de ces Plantes, mais nous taſcherons de les faire remarquer
aux Leĉteurs comme differences.

Nous ne donnons pour difference, autant qu'il nous eſt poſſible, ny le plus ny le moins,
ſi ce n'eſt dans les rencontres où nous pouvons le reduire à quelque meſure qui puiſſe
faire entendre les proportions, parce qu'autrement cela ne donne pas une idée aſſez preciſe. Nous evitons auſſi de donner pour difference, les circonſtances paſſageres ou difficiles à obſerver; & nous taſchons au contraire à faire que les circonſtances dont nous
tirons les differences, ſoient aiſées à appercevoir, & durent autant que la Plante.

Cela n'empeſchera pas que dans les rencontres où nous n'aurons pas lieu d'en uſer
ainſi, nous ne donnions pour diſtinĉtion, de certaines parties qui ſont cachées comme
les racines, ou qui ne ſont pas aiſées à appercevoir comme le poil folet, ou qui ne ſe
rencontrent ſur la Plante que durant un certain temps, comme la fleur, le fruit; & meſme le plus & le moins, quand nous ne pourrons faire autrement.

Ces diſtinĉtions ne ſerviront pas ſeulement à l'hiſtoire de la nature, mais elles pourront auſſi quelquefois ſervir à d'autres uſages plus importants. Car il importe, par exemple,

ple, de donner une marque certaine par laquelle on puiſſe diſcerner l'Apocynum à feuilles d'Androſæme, du veritable Androſæme, & le grand Geranium, de l'Aconit. Car encore qu'il ſoit difficile qu'une perſonne exercée, qui penſe à ce qu'elle fait, puiſſe ſe meſprendre à cet Androſæme, & qu'il ſoit impoſſible qu'elle prenne l'Aconit pour le grand Geranium ; il eſt pourtant ſans comparaiſon plus avantageux de donner des moyens de diſtinguer ces choſes, qui ſoient tels, que les perſonnes les moins inſtruites ne s'y puiſſent tromper.

Comme des Plantes tres-differentes peuvent ſouvent paſſer les unes pour les au-tres ; auſſi il arrive ſouvent au contraire, que la meſme Plante paſſera pour differente d'elle-meſme, par la difference de la culture ou du terroir. Nous croyons qu'il ſuffit d'en avertir le Lecteur une fois pour toutes, afin qu'il ſe deffende le mieux qu'il pour-ra d'eſtre ſurpris dans ces changemens. Nous nous contentons de donner cet avis en general, parce qu'il eſt impoſſible de prevenir cette ſorte d'illuſion, quelque ſoin qu'on prenne de faire entendre en quoy elle conſiſte. Mais s'il arrive que ces meſ-mes cauſes changent la proportion, nous en avertirons tout autant de fois, parce qu'il eſt poſſible d'exprimer ce changement, & qu'il peut tromper les plus habiles. Le ſeul exemple du Narciſſe vulgaire fait aſſez voir que cela arrive quelquefois. Car la fleur du Narciſſe eſt un godet, auquel ſont apliquées au dehors quelques feuilles. Or quand le Narciſſe vulgaire vient dans les lieux incultes, la Fleur eſt de telle ſorte que les feuilles naiſſent beaucoup plus prés de l'emboucheure du godet que de ſon fond, & le godet ſe retreſſit tout à coup, & devient comme un tuyau depuis l'origine des feuilles juſqu'au fond. Mais s'il eſt cultivé, le godet eſt preſque auſſi large en ſon fond qu'eſt ſon embou-cheure, & les feuilles prennent leur naiſſance vers le milieu de la hauteur du godet.

La neceſſité où l'on eſt de trouver des termes propres, ſur tout dans les Deſcriptions, nous a fait penſer à prendre la liberté d'introduire quelques nouvelles manieres de parler, ou de reſtablir quelques vieux mots lors que nous manquerons des mots propres & en uſage, afin de pouvoir nous faire entendre en moins de paroles & plus nettement, quoy que peut-eſtre avec un peu moins de politeſſe. Et nous prevoyons que nous y ſerons ſouvent obligez, parce que peu de gens ont eſcrit des Plantes en noſtre langue.

Il ſeroit trop long, & n'eſt pas temps de dire en deſtail ce que nous faiſons en cela. Nous ne produirons rien ſans prendre conſeil. Cependant cet exemple ſervira pour tous les autres. Il y a des Fleurs rondes & planes dans leur tout, compoſées d'un diſque & d'un ſimple rang de feuilles longuettes qui naiſſent autour & à peu prés ſelon le plan du diſque. Voilà un grand nombre de paroles que nous croyons pouvoir abreger en appellant en un mot ces Fleurs *radiées*. Il eſt vray que c'eſt un mot nouveau, tiré du langage de la Medaille antique, mais il eſt court & ſignificatif, & n'eſt pas deſagreable. Ainſi les feuilles decoupées en lanieres, que l'on appelle d'un ſeul mot latin *laciniatas*, pourront eſtre nommées en François *laciniées*, en un ſeul mot, quoy qu'il n'ait pas en-core eſté mis en uſage. Nous mettrons à l'entrée de l'Ouvrage une liſte de ces mots, & des termes de l'Art, pour en avertir les Lecteurs, & les y accouſtumer; & nous ajouſterons meſme, à coſté des termes qui ſignifient des choſes difficiles à deſcrire, & qui ſont moins connuës, les figures neceſſaires pour en donner l'intelligence.

Nous prendrons la meſme liberté en ce qui eſt des couleurs, parce qu'elles ſervent beaucoup à reconnoiſtre les Plantes, & que les figures ne peuvent preſque ſuppléer en aucune maniere à ce qui manqueroit à leur expreſſion dans le diſcours. C'eſt pourquoy comme nous avons en François beaucoup de mots aſſez ſignificatifs en cette matiere, mais qui ne ſont point dans les Livres, & que les ſeuls Peintres, Teinturiers & Tapiſ-ſiers paroiſſent avoir introduits dans l'uſage commun, nous ne laiſſerons pas de nous en ſervir.

Chapitre II.

DES FIGVRES DES PLANTES.

I.
Grandeur des Fi-
gures.

NOus avons fait les Planches les plus grandes qu'il a efté poffible dans un Volu-me commode ; en forte qu'il y a plufieurs Figures qui reprefentent des Plantes d'une grandeur mediocre , auffi grandes que nature. Quand il s'eft rencontré qu'une Plante n'avoit que deux fois la hauteur de la Planche ou peu plus, & qu'on la peut cou-per en deux fans la rendre meconnoiffable , on en reprefente ordinairement les deux moitiez dans la mefme Planche.

I I.
Comme on peut re-
connoiftre dans cette
grandeur la mefure
pofitive des Plantes
beaucoup plus gran-
des.

Mais parce qu'il y a beaucoup de Plantes qui font de beaucoup plus grandes que le Volume, comme le Pancratium, la Morelle de Virginie, & encore plus les arbres: nous avons trouvé à propos d'adjoufter à la Figure de la Plante quelqu'une de fes parties de la grandeur naturelle, qui fervift comme de pied par lequel on puft juger de la veritable grandeur de toute la Plante.

Cela fe fait en deux manieres differentes. Car pour les Plantes qui s'eftendent fur la terre, foit qu'elles jettent une tige, foit qu'elles n'en jettent point, comme elles laiffent tousjours vers le haut de la Planche une place vuide, mefme aprés qu'on les a reprefen-tées auffi grandes qu'il eft poffible, dans la grandeur qu'on s'eft prefcrite ; on pourra re-prefenter dans ce vuide, par exemple, l'Epy de fleurs de l'Acanthe, grand comme na-ture, ou le Difque de la fleur de Carline, ou enfin quelque autre partie. Mais pour celles dont la Figure & le contour eft tel qu'on ne peut les reprefenter auffi grandes qu'il eft poffible fans remplir toute la page, comme la Morelle de Virginie, la Rofe d'Outremer, le Belveder, & tous les Arbres ; on reprefentera fur le devant & au haut du tableau quelque partie de leur grandeur naturelle , & l'on reprefentera la maffe & le port de toute la Plante reduite au petit pied dans le lointain. On n'aura cette exactitude dans la reprefentation des arbres que pour ceux qui ont quelque chofe de fort remarquable dans leur tout, par exemple le Tamaris & tous les Coniferes.

I I I.
Figures acceffoires
de quelques parties
des Plantes.

Nous adjoustons à la Figure principale de chaque Plante, celle de fa graine, ou feule fi elle vient nuë, ou avec fes enveloppes & fes accompagnemens. Nous avons mefme creû devoir joindre au portrait de la Plante parfaite, celuy de la mefme Plante naiffan-te, quand elle naift d'une figure affez differente pour eftre difficile à reconnoiftre.

I V.
De la maniere de
reprefenter les Plan-
tes qui font tres-pe-
tites , & les petites
parties des autres
Plantes.

La difficulté qu'il y auroit à reprefenter entieres les Plantes, dont toutes les parties font tres-petites & fort preffées entre elles , comme les Mouffes, a fait qu'on s'eft con-tenté d'en deffigner un brin de chacune, tel qu'on le peut voir au Microfcope. On fe fervira de la mefme commodité pour deffigner exactement les petites parties des gran-des Plantes, quand leur reprefentation pourra fervir de quelque chofe, foit pour l'em-belliffement de l'Hiftoire des Plantes, foit pour la recherche de leurs caufes ; & on leur donnera une grandeur fuffifante pour les voir aifément & nettement. On deffignera auffi les veines de quelques feüilles telles qu'elles paroiffent, en les interpofant entre les yeux & le Soleil, & on les tracera d'un fimple trait, fans y exprimer autre chofe que le fquelette des feüilles, & fans y rien mefler du tiffu.

V.
Obfervation fur le
Port des Plantes.

Comme le Port des Plantes fait une bonne partie de leur figure, encore que l'on en ait reprefenté plufieurs arrachées avec les racines, afin que leur figure fuft plus com-plete ; nous avons creu toutefois que les portraits de quelques Plantes leur reffemble-roient mieux fi on les deffignoit precifément comme on les trouve ; c'eft à dire, eftant encore fur la terre où elles ont pris naiffance.

V I.
Toutes les Figures
d'apres nature.

Nous faifons deffigner toutes les Figures par le Peintre dont feu Monfieur s'eft fervy avec le fuccés que l'on fçait ; & il les deffigne toutes fur le pied, parce que nous avons
                                                                                                        defiré

desiré qu'elles fuſſent plus garnies que celles qui ſont peintes dans les Volumes des Plantes de feu S. A. R. On a pourtant eſté contraint de copier ſur ces Originaux quelques Plantes tres-rares, qui ne fleuriſſent, & ne portent icy que rarement.

Comme l'on n'a pas juſqu'à preſent imprimé avec les couleurs, & que les Enlumi- *VII.*
nures conſument beaucoup de temps, & ne reüſſiſſent pas tousjours, nous avons creû *Obſervation ſur les*
y pouvoir ſuppléer en quelque ſorte, en prenant ſoin que les Gradations des couleurs *gradations du noir*
ſoient à l'avenir exprimées dans la Gravure autant qu'il ſera poſſible: ainſi on traitera *& du blanc.*
differemment le verd brun & le vert clair, les Fleurs blanches & celles d'une couleur
enfoncée.

Nous n'avons pas creû nous devoir ſervir d'une nouvelle maniere d'imprimer avec
les couleurs, pour quelques raiſons que l'on pourra facilement ſuppleer.

C'eſt ce que nous avions à propoſer ſur les Figures. Il faut maintenant parler de la *VIII.*
Nous preferons la Gravure à l'eau forte à toutes les autres, parce qu'elle a plus de *Pourquoy les Figu-*
liberté, qu'elle eſt plus prompte & plus aiſée, & qu'elle n'a gueres moins de netteté *res ſont gravées à*
que la Taille-douce, pourveu qu'elle ſoit bien traitée. *l'eau forte.*

C'eſt ce que nous avions à propoſer ſur les Figures. Il faut maintenant parler de la
culture des Plantes.

Chapitre   III.

DE LA CVLTVRE DES PLANTES.

OUTRE ce qu'on traite ordinairement en cet endroit, le lieu natal, la durée, &c. *I.*
nous avons commencé, & nous continuerons d'obſerver les Germinations & les *Examen des Germi-*
Radications des Plantes avec autant d'exactitude, à proportion, que l'on a obſervé la *nations.*
formation du poulet dans l'œuf.

Pour conoiſtre d'autant mieux les principes de la Vegetation des Plantes, nous nous
ſommes propoſez, *1* d'eſſayer les Germinations dans le Vuide; *2* de tirer par la lexive
les ſels, & s'il ſe peut quelques autres ſubſtances des differentes eſpeces de terre, &
ſur tout de celles qui ſemblent eſtre affectées à porter pluſtoſt une Plante qu'une autre
Plante.

Noſtre deſſein dans l'extraction de ces ſels eſt d'eſprouver entre autres choſes, ſi les
terres lexivées ſeroient capables de porter quelques Plantes; ſi ces terres ayant eſté ex-
poſées à l'air durant long-temps, à couvert & à découvert, elles ſe chargeroient de nouveaux ſels, & de meſme nature que les premiers; ſi deux terres qui ſemblent eſtre affectées chacune à une ſorte de Plante, ayant eſté lexivées, & l'une impregnée des ſels de
l'autre, deviendroient par ce moyen capables de porter l'une ce que portoit l'autre
quelles ſont les convenances & les differences de ces ſels; ſi l'on pourroit decouvrir quelque convenance entre le ſel d'une terre, & celuy des Plantes auſquelles elles ſemblent
affectées, &c. les differentes proportions du ſel dans la meſme terre, ſelon les differens
lits, ſelon qu'elle a porté, ou demeuré peu ou beaucoup de temps en jachere, &c. On
void aſſez où cela peut aller.

Nous avons reſolu d'eſprouver ſur toutes les Plantes toutes les manieres de les faire *II.*
venir, qu'elles donneront lieu d'eſſayer. Nous ferons donc ces eſſais ſur toutes les ma- *Experiences ſur les*
nieres de les faire venir de Graine, de Bouture, de Racines, de Provin, de Feüille, de *diverſes manieres de*
Decoction, de Suc, parce qu'il y a des exemples de tout cela en pluſieurs Plantes, *faire venir les Plan-*
meſme du dernier, au moins ſi l'on en croit Theophraſte, qui dit que le ſuc de Lis, *tes.*
& celuy d'Hippoſelinum produiſent des Plantes pareilles à celles dont ils ont eſté tirez.

Nous eſſayerons les moyens que l'uſage & des conjectures raiſonnables nous pour- *III.*
ront ſuggerer, ſoit pour domeſtiquer les Plantes ſauvages, ſoit pour amender les dome- *Sur la Culture.*
ſtiques, ſoit pour communiquer aux unes & aux autres des vertus eſtrangeres; par

D

exemple, rendre purgatifs les fruits agreables à manger , en entant les arbres qui les pro-
duifent fur des arbres purgatifs, ou par quelque autre moyen que ce foit.

Nous verifierons par ces experiences ce que les Anciens & les Modernes ont avancé
fur tout cela avec ces precautions ; *1* de ne nous point arrefter aux obfervations manifeftement fuperftitieufes ; *2* d'obferver tout ce qui ne fera pas tel, & de ne decider en
cela le poffible ny l'impoffible par aucune conjecture ; *3* de ne pas condamner de faux ce
qui ne nous aura pas reüffi , mais de raconter feulement le procedé & le fuccés de nos
experiences : parce que, *1* fouvent un Auteur ne veut pas dire tout fon fecret , ou le dit
imparfaitement, ou d'une maniere equivoque, ou obfcure , *2* le Lecteur pourroit ne
pas avoir bien entendu le fens de l'Auteur , *3* & que la diverfité des païs peut faire
que ce qui reüffit en l'un ne reüffit pas en l'autre.

Nous efperons pouvoir efpargner une partie de ce travail , au moins fur toutes les
Plantes qui peuvent entrer dans la compofition d'un Jardin potager , parce que nous
apprenons qu'un homme habile dans les Lettres, qui s'eft rendu celebre dans la culture
de toutes ces Plantes, eft preft de donner au Public la meilleure partie d'un grand nombre d'experiences qu'il a faites avec beaucoup d'exactitude, durant plus de vint années,
fur la maniere de planter, d'élever, & de cultiver toutes ces Plantes.

Nous donnerons tous les moyens que nous fçaurons d'eflever icy les Plantes eftrangeres, & les Plantes rares, dont on ne connoift pas ordinairement fi bien la culture.

C'eft à peu prés ce que nous avions à dire de la culture des Plantes. Il faut parler
des vertus, & dire ce que nous avons deffein d'ajoufter à ce qui a efté dit fur ce fujet
par ceux qui ont efcrit jufques à prefent fur les Plantes, & ce que nous avons tenté de
nouveau.

CHAPITRE IV.

DES   VERTVS   DES   PLANTES.

SECTION I.

Ce que nous pouvons fuppléer dans ce qui a efté fait jufques à prefent fur ce fujet.

O N peut fuppléer en trois manieres ce qui manque en cet endroit à la connoiffance des Plantes. *1* En evitant les fautes que les Autheurs Anciens & Modernes ont faites dans le rapport des vertus. *2* En confirmant, ou refutant ce rapport par
l'experience. *3* En donnant quelques ouvertures pour acquerir en cela de nouvelles
connoiffances , foit par l'experience, foit par le raifonnement.

Les fautes que les Autheurs ont faites en rapportant les vertus des Plantes font, *1*
d'avoir attribué aux Plantes des vertus qu'elles n'ont pas, ou de leur en avoir attribué
qui ne font pas feulement fauffes, mais mefme fuperftitieufes ; *2* d'avoir enoncé autrement qu'ils ne devoient ce qu'ils ont dit de vray. Car ils ont quelquefois tellement
confondu le vray, le faux, le fuperftitieux, qu'on ne peut deviner en les lifant, ny fi ils
ont creû ce qu'ils difent, ny jufques où ils l'ont creû ; en forte que les perfonnes qui ne
font pas exercées dans cette connoiffance, & quelquefois mefme les perfonnes habiles,
ne peuvent fans legereté les croire, mefme quand ils difent quelque chofe de vray.

Voilà la premiere faute qu'ils ont faite en ce qu'ils ont dit de veritable. La feconde
eft d'avoir fouvent manqué de dire, en faifant le rapport des effets de chaque Plante,
quelle eft la partie de cette Plante qui fait cet effet ; s'il faut preparer cette partie, & de
quelle maniere ; combien on en peut donner ; l'efpece de la maladie à laquelle elle convient ;

vient; à quel temps de cette maladie, & à l'égard de quelle partie : quoy que cela soit souvent d'une grande conséquence.

La troisiesme faute est d'avoir quelquefois obmis de marquer le degré de la vertu, sur tout en parlant des effets qui appartiennent à ces qualitez, qu'on appelle secondes & troisiesmes. Ce n'est pas qu'il soit possible de donner aux degrez de ces qualitez, des bornes aussi precises que celles que Galien a voulu donner aux degrez des qualitez premieres: mais au moins on doit marquer dans une certaine latitude si une Plante fait son effet, fort, ou foible, ou mediocre. Ainsi, supposé, par exemple, que l'Adjante fasse quelque chose aux escroüelles & à la pierre (car il n'est pas maintenant question de cela) il seroit mieux que Dioscoride n'eust pas dit que l'Adjante dissipe les escroüelles, & qu'il brise la pierre: car quelque vray que cela puisse estre jusques à un certain point, la chose est enoncée trop generalement. Cependant Galien mesme en a parlé avec aussi peu de precaution.

La quatriesme faute est d'avoir rapporté avec une égale asseurance des effets dont on n'a que peu d'experiences, & encore tres-douteuses, & d'autres effets tres-certains & reconnus par un long usage. Par exemple, Dioscoride ne hesite pas plus à dire que les Lentilles donnent des songes fascheux, qu'à dire que l'Opium assoupit.

Nous tascherons d'escrire toutes ces choses plus exactement. Nous ne nous engageons pas à n'escrire rien que de vray, sur tout dans les choses que nous ne sçavons que sur la foy d'autruy: mais nous ferons au moins tout ce qui nous sera possible pour dire toutes choses d'une maniere à faire distinguer si nous les donnons pour certaines ou douteuses, ou probables; si elles succedent, rarement, quelquefois, le plus souvent : & comme il y a plus de choses douteuses que de certaines , nous pancherons plustost du costé du doute, que du costé de l'affirmation.

Si quelque Auteur asseure un fait que nous jugions faux, sur une opinion fausse, comme il n'est que trop ordinaire; nous refuterons cette opinion: sinon nous nous contenterons de nier le fait, avec cette precaution toutefois d'avoir grand égard à la difference des païs & des temps. Car il se peut faire qu'une Plante qui sera venuë de Grece ou d'Asie, & qui estoit capable d'un certain effet sur les corps des Grecs & des Asiatiques, ne fasse pas le mesme effet en France, & sur les François, à cause de la difference des lieux, & de la maniere de vivre ; puis qu'il seroit peut-estre difficile qu'elle le fist à present sur les Grecs mesmes, & sur les Asiatiques, à cause du grand changement que la suite du temps a apporté dans leur maniere de vie. Et l'on doit estre d'autant plus scrupuleux en cela, que les Anciens ayant dit beaucoup de choses assez negligemment, si l'on ose parler ainsi, il se peut fort bien faire qu'une Plante preparée de telle sorte, & donnée de telle maniere, & en telle occasion, leur ait reüssi, & qu'elle ne nous reüsisse pas; parce qu'ils ne nous ont pas avertis de toutes ces circonstances.

Nous n'affecterons ny de passer sous silence, ny de rapporter tous les effets qui tiennent de la superstition : mais nous ferons seulement mention de ceux dont l'exemple pourra servir à desabuser le public de tous les autres.

Il seroit à souhaiter que nous peussions distinguer par l'experience ce qu'il y a de vray & de faux dans les effets dont on a sujet de douter : mais nous ne pouvons promettre d'esprouver sur le corps de l'homme que ce qu'on peut éprouver sans rien hazarder, & qui peut estre reconnu en peu de temps.

2.
Verifier les vertus par l'experience.

Nous esprouverons, autant qu'il nous sera possible, les effets qui regardent d'autres sujets que le corps de l'homme, comme ce qui appartient aux Arts.

Mais nous n'esprouverons ny sur l'homme, ny sur d'autres sujets, que les effets que l'experience peut decider. Par exemple, on peut voir si le Guy de Chesne, ou la racine de Pivoine, arreste les accés du mal caduc; si une Plante pousse les urines, &c. si une fleur ou un bois donne une laque de telle ou telle couleur : mais si une Plante conserve la memoire, c'est ce que l'on auroit peine à appercevoir, quand mesme il seroit veritable, ou que l'on n'appercevroit qu'en un tres long-temps, & d'une maniere fort equivoque.

E

Pour le reſte, c'eſt à dire les effets que l'on ne peut verifier ſans quelque danger, comme celuy de purger, ou d'aſſoupir; tout ce que nous pouvons faire pour nous en aſſeurer eſt d'en envoyer des Memoires aux Medecins avec qui nous avons commerce, & rendre compte au public de ce qu'ils nous auront appris.

Si dans quelques occaſions nous ne pouvons rien apprendre par cette voye, nous ne croyons pas pouvoir rien faire de meilleur que de faire ſur des Brutes les eſpreuves que nous n'avons pas droit de faire ſur les Hommes; encore que nous ſoyons tres-perſuadez qu'il n'y a point de conſequence infaillible à tirer des effets des Plantes ſur les Brutes, aux effets des Plantes ſur les Hommes.

Nous oſons dire en cet endroit, qu'il ſeroit à deſirer que l'on euſt le pouvoir d'eſprouver ſur des criminels condamnez à mort, les remedes contre les poiſons; parce qu'on ne peut gueres s'en aſſeurer qu'en cette occaſion.

Tout ce que nous avons dit ſur la verification des vertus eſcrites dans les Auteurs, nous le diſons ſur la decouverte des vertus non eſcrites, que l'on peut prevoir par quelques conjectures fondées ſur des experiences preſumées ſemblables, ou ſur des raiſonnemens.

Nous taſcherons donc de deſcouvrir de nouvelles vertus dans les Plantes, ſoit ſur le corps de l'Homme, ſoit ſur d'autres ſujets, & par rapport aux Arts, comme aux Teintures, à la Peinture, aux Tiſſures, &c. Et nous employerons à ces deſcouvertes les perſonnes habiles en chaque Art, les aidant, autant qu'il nous ſera poſſible, de nos conjectures & des matieres que nous deſirerons d'eſprouver.

Digreſsion ſur les Queſtions qui ſe trouvent dans les Auteurs ſur les noms & ſur les vertus des Plantes. C'eſt par la deſcription de la Plante, & ſouvent par ſes proprietez, que l'on juge des Queſtions qui ſe trouvent dans les Auteurs ſur les noms des Plantes. Voicy comme nous croyons les devoir traiter.

Il ſemble que l'on doive renvoyer aux Grammairiens toutes les Queſtions qui ne ſont que de nom, comme celles qui dependent de l'etymologie; celles où on demande ſi une Plante, dont on ne connoiſt que le nom & l'exterieur, & que tel Auteur appelle de ce nom, eſt la meſme que cet autre Auteur appelle de cet autre nom, ſans en dire autre choſe; ſçavoir ſi une telle Plante a eſté connuë d'un tel Auteur; & toutes les autres Queſtions qui ne ſont que de litterature. Cependant nous ne laiſſerons pas de les traiter, ſi nous eſperons les pouvoir decider en un mot; 1 parce que cela ſert de quelque choſe pour entendre les Auteurs; 2 parce qu'encore qu'il importe ſouvent tres-peu d'entendre le ſens d'un Auteur, pluſieurs d'entre les gens de Lettres ſont bien-aiſes qu'on le faſſe entendre par une certaine curioſité qui porte naturellement les hommes à deſirer de ſçavoir, meſme des choſes inutiles, & à conſumer dans ces recherches beaucoup de temps & de peine, qu'il ſeroit bon de leur eſpargner; 3 afin que ſi nous ſommes aſſez heureux pour les ſatisfaire dans quelques-unes de ces difficultez, nous ayons dautant plus de facilité à leur faire appercevoir ce qu'il y a de vain dans ces recherches, qu'ils ſeront perſuadez que ce n'eſt ny par negligence, ny par une entiere incapacité que nous nous diſpenſerons le plus qu'il nous ſera poſſible d'un travail, que nous croyons encore beaucoup plus inutile qu'il n'eſt penible.

Nous toucherons donc fort brievement ces Queſtions, ſi elles ſont celebres, quand nous les pourrons terminer en peu de paroles; & nous en avertirons les Lecteurs, afin qu'ils ne croyent pas que l'on en propoſe la deciſion comme quelque choſe de fort conſiderable.

Mais pour les Queſtions ſur les noms qui appartiennent à la choſe, comme lors que l'on doute ſi pluſieurs noms qui marquent des Plantes auſquelles on attribuë pluſieurs effets, appartiennent à la meſme choſe, nous les diſcuterons fort exactement; en telle ſorte que ſi toutes les marques ſont douteuſes, on en avertiſſe le Lecteur en un mot. Mais ſi nous pouvons tirer une concluſion certaine de pluſieurs ſignes joints enſemble, nous expoſerons tout cela, autant qu'il ſera neceſſaire, pour faire voir nettement & promptement la deciſion, ſans amuſer le Lecteur par un recueïl inutile de longs paſſages, de differentes leçons, & de corrections, qui ne ſervent ſouvent qu'à montrer qu'on a

fait

fait quelque lecture, & que l'on veut s'en faire honneur, en ennuyant le public. Que si l'on n'attribuë que peu d'effets, ou douteux, ou de peu de conſequence, à la Plante qui porte tel ou tel nom ; nous ne croyons pas eſtre obligez à nous donner beaucoup de peine, pour ſçavoir à qui il appartient. Ainſi il importeroit de quelque choſe de ſçavoir ſi la Matricaire des Modernes eſt le Parthenium de Dioſcoride, parce que Dioſcoride a dit beaucoup de choſes du Parthenium : mais il importe peu de ſçavoir ſi la Matricaire eſt l'Amaracus de Galien, parce que Galien dit ſeulement que l'Amaracus eſt chaud au troiſieſme degré, & ſec au ſecond; ce qui ne le rend pas une Plante fort importante.

Dans toutes les Queſtions, ſur leſquelles nous jugerons qu'il eſt important de prononcer, & où nous croirons le pouvoir faire avec raiſon, nous conſulterons pluſtoſt la choſe meſme que les Auteurs, parce que la Nature ne varie gueres, & que les paſſages peuvent eſtre equivoques, ou falſifiez. Ainſi apres avoir leu beaucoup de choſes ſur la queſtion des trois Abſinthes, & ſur tout ſur celle de ſçavoir ſi l'Abſinthe Pontique de Galien eſt le noſtre à large feüille, ou à petite feüille, & les depoſitions contraires, que deux Auteurs, teſmoins oculaires, ont faites au ſujet de l'Abſinthe Pontique : nous croyons, que ſans perdre le temps en conjectures, le plus court & le plus ſeur eſt de faire venir des graines & des feüilles ſeches de ces Plantes, des lieux dont elles portent le nom. Quand on a leu avec quelque attention Theophraſte, Dioſcoride, & Pline, on ne ſçait que trop en combien d'endroits leurs eſcrits ont eſté corrompus, & en particulier combien Pline a peu ſceu les Plantes, & peu conſulté ceux qui les ſçavoient, & avec quelle precipitation & quelle negligence il a copié ce qui avoit eſté eſcrit avant luy ſur cette matiere ; encore qu'il ne laiſſe pas de pouvoir ſervir dans les choſes meſmes qu'il n'a pas ſceuës, pourveu qu'on s'en ſerve avec les precautions neceſſaires.

Pour ce qui eſt des Queſtions ſur les vertus, comme de ſçavoir ſi la Coriandre eſt froide, ou ſi elle eſt chaude, & s'il en faut croire les Grecs, où les Arabes : nous taſcherons de donner quelques ouvertures pour les concilier, ou pour les decider par des experiences, ou par des conjectures.

Tout ce qui a eſté dit avant nous ſur les effets, n'eſt à noſtre égard que comme une hiſtoire de faits, qui n'ont d'autorité qu'autant qu'ils ſont fondez en experiences, & que ceux qui les rapportent ſont croyables. Mais en parcourant cette Hiſtoire, on reconnoiſt qu'entre les Auteurs qui ont traité des vertus des Plantes, quelqueſuns ſe ſont contentez de raconter ce qu'ils en connoiſſoient par leur propre experience, par les Livres, ou par une ſimple tradition; d'autres en ont donné des ſignes; & d'autres enfin ont paſſé juſqu'à les vouloir faire connoiſtre dans leurs cauſes. *5. Chercher de nouveaux moyens de connoiſtre les vertus. Deduction de ceux qui ont eſté employez juſques icy par les Auteurs.*

Il n'y auroit rien de plus court que de ſe contenter de raconter les vertus comme les premiers, ou pluſtoſt de renvoyer aux Livres ſur celles qui ſont eſcrites, ou tout au plus d'en faire le choix, & d'y adjouſter ce qui ne ſeroit point eſcrit. Et c'eſt ce que la Compagnie eſſayera de faire; mais elle ne laiſſera pas de travailler ſur le reſte, & de faire ce qui luy ſera poſſible pour y adjouſter quelque choſe.

Elle deſireroit pouvoir eſtablir des ſignes des vertus qui fuſſent veritables & fideles. Elle n'en a point trouvé d'autres auſquels on puiſſe prendre quelque confiance, que les changemens de couleur & de conſiſtence, qui ſeront expliquez dans la ſuite, & qui ne marquent que les ſaveurs ; mais elle ne deſeſpere pas qu'il ne s'en puiſſe preſenter dans le travail qu'elle a commencé, qui ſe rapporteront directement aux vertus, encore qu'elle ne le puiſſe promettre. Les ſignatures qu'un Auteur celebre en cette opinion comprend ſous le nom de Phyſiognomie des Plantes, ſont bien des ſignes purement tels; & on peut dire qu'il n'y auroit rien à ſouhaiter dans ces ſignes (au moins dans ce qui regarde l'uſage, qui eſt bien d'une autre conſequence dans la vie que la ſpeculation) s'ils n'eſtoient au moins auſſi douteux qu'ils paroiſſent veritables à ceux qui les produiſent. *2 Connoiſtre les vertus par leurs ſignes.*

Les perſonnes intelligentes, qui voudront faire quelque reflexion ſur les fondemens de cet Art, & qui ſçauront aſſez les Plantes pour reconnoiſtre que les conſequences que l'on tire des faits, ſur leſquels il eſt principalement eſtabli, ſont deſtruites par d'autres faits plus precis, & en plus grand nombre, ne nous accuſeront pas d'avoir negligé rien de

F

vray-femblable pour la connoiffance des vertus des Plantes, en laiffant le foin de cultiver cet Art à d'autres qui en feront plus perfuadez que nous ne fommes, & le reduifant
au feul ufage d'aider la memoire à retenir les vertus de quelques Plantes.

2 Connoiftre les vertus des Plantes par leurs caufes, felon le Syfteme des quatre qualitez.

Pour ce qui regarde la connoiffance des vertus des Plantes par leurs caufes, Galien
& ceux qui l'ont fuivy, parlent en cet endroit du temperament des Plantes, & de leurs
faveurs : ayant creû que le temperament des Plantes eftoit la caufe de la plufpart de leurs
effets ; qu'il fuffifoit de le connoiftre, pour en prevoir les effets ; & que rien apres l'attou-
chement ne faifant mieux connoiftre le temperament que les faveurs, c'eftoit un grand
avantage de les connoiftre, pour deviner le temperament. C'eft à peu prés à quoy fe reduit tout ce qui a efté traité jufqu'à prefent fur les vertus des Plantes.

Il y a grand lieu de douter fi le temperament eft la caufe, ou feule, ou principale des
vertus qu'on luy attribuë ; & fi les faveurs font tellement l'effet du temperament, qu'elles en foient un figne bien precis, & par là de tous les autres effets qui doivent s'en enfuivre. Galien mefme a fouvent creû neceffaire de joindre au temperament la fubtilité
& la groffiereté des parties, pour en deduire de certains effets, & il y en a mefme
dont il reconnoift pour caufe principale une certaine proprieté de toute la fubftance,
dont il n'y a point d'idée bien precife dans fes ouvrages, & qu'il ne connoiffoit apparemment pas, puis qu'il reconnoift que l'ufage des fimples capables de ces effets, eft au
deffus de toute methode. Il femble neantmoins qu'il feroit difficile de nier abfolument que
les quatre qualitez ne puiffent ou caufer, ou favorifer de certains effets. Pour les faveurs,
encore qu'elles foient un figne affez fidele du temperament, on peut douter fi ce en
quoy elles confiftent, eft ou la caufe, ou l'effet du temperament ; & nous croyons qu'il
eft poffible d'en imaginer d'autres caufes, & qu'il eft à propos de les rechercher. Mais
quelque doute qu'il y ait en tout cela, il paroît au moins par tout ce qui vient d'eftre
dit, que les Auteurs ont confideré jufques à prefent comme une recherche utile, celle
des vertus des Plantes par les caufes & par quelques effets.

*I I.
De la connoiffance des vertus des Plan-tes par leurs caufes, felon noftre maniere de concevoir.*

Nous nous fommes donc propofez, comme on verra à la fin de ce Chapitre, de tirer
tout l'avantage que nous pourrons de la connoiffance du temperament & des faveurs ;
de rechercher les vertus des Plantes, à peu prés felon les mefmes veuës, mais d'une
maniere differente, foit en ce qui regarde l'idée de la connoiffance, foit en ce qui regarde les moyens de parvenir à cette connoiffance, à peu prés felon cette idée.

Ce que c'eft en ri-gueur que recher-cher les vertus des Plantes par les cau-fes, & fi l'on peut y parvenir.

Et premierement l'idée que nous avons de la connoiffance des vertus des Plantes par
leurs caufes, feroit de connoiftre une Plante, & le fujet fur lequel elle doit agir ; en forte
que ces deux connoiffances nous donnaffent lieu de prevoir l'effet de cette Plante fur
ce fujet.

Or on peut imaginer deux manieres de connoiftre ainfi ce qui agit, & le fujet fur lequel il agit ; l'une de le connoiftre directement en foy-mefme, c'eft à dire en connoiftre
les principes prochains en toutes leurs circonftances ; l'autre de connoiftre ces mefmes
principes & ces mefmes circonftances, non directement, mais par quelques effets.

Il feroit fort à fouhaiter que nous peuffions faire connoiftre les vertus des Plantes de
l'une de ces deux manieres, & fur tout de la premiere, parce qu'on les connoiftroit diftinctement & avec certitude. Mais tant s'en faut que nous ofions le promettre, que
nous paffons mefme jufqu'à dire qu'il n'y a pas lieu de l'entreprendre. Car quand il n'y
auroit dans toute la Nature que la matiere, fes proprietez effentielles, & fes intervalles,
pleins ou vuides, & les circonftances particulieres de tout cela, par rapport à chaque
eftre, par exemple, à chaque Plante, comme quelques Philofophes anciens & modernes
le pretendent, & qu'il n'y auroit ny qualitez diftinctes de ces proprietez effentielles,
comme d'autres Philofophes modernes le fouftiennent, ny formes diftinctes de ces qualitez : toujours faudroit-il connoiftre les principes prochains de chaque Plante, & de
chaque fujet fur lequel elle eft capable d'agir, les figures de ces principes, leurs maffes,
leurs liaifons particulieres, & les mouvemens particuliers qui s'enfuivent de toutes ces
chofes, & de leur dependance des caufes generales, pour remplir cette idée de la connoiffance des vertus des Plantes par leurs caufes. Or c'eft ce qu'on ne fçait jufques à prefent qu'en
general,

general, & par des conjectures fondées fur des inductions dont on ne voit point la fin,
& dont par confequent on ne peut jamais eftre affeuré; & fi l'on confidere avec attention la neceffité, l'eftenduë, & la precifion de cette idée, peut-eftre verra-t-on dés à
prefent qu'il eft au moins moralement impoffible que les efforts de la pofterité fe terminent à autre chofe, qu'à convaincre en cela les hommes de leur impuiffance.

Pour ce qui regarde la connoiffance de la nature d'une Plante par les effets, nous con-
cevons que ce feroit connoiftre de telle forte en quoy confifte quelque effet de cette
Plante, que nous ayons lieu de conclure ce qu'elle doit eftre en elle-mefme pour eftre
capable d'un tel effet, & quels autres effets doivent s'enfuivre de fa conftitution, que
l'on auroit connuë par cet effet. *Ce que c'eft que de connoiftre la nature d'une Plante par fes effets.*

Mais comme il eft clair que cette connoiffance depend de la connoiffance precife des
fujets fur lefquels cette Plante eft capable d'agir, par exemple, du corps de l'homme,
fuivant l'idée que nous venons de donner, tout au moins felon les differentes efpeces de
conftitution naturelle & de maladies: il ne paroift pas moins impoffible d'y jamais parvenir.

Auffi quelque chofe que chaque Secte ait peu dire jufques à prefent en faveur de fon
Syfteme, tout ce qu'on a peu faire, a efté de donner une idée tres-generale de la conftitution naturelle de chaque Plante, & des effets que les Plantes peuvent produire fur
nous.

Nous tafcherons donc feulement de donner quelques ouvertures, pour rendre cette
connoiffance plus precife & moins generale, foit en effayant de faire mieux connoiftre
ce que les Plantes font, foit en donnant quelques ouvertures, pour eftablir par experience des faits qui puiffent donner lieu de conjecturer en quoy confiftent leurs effets fur
nous. *A quoy nous pouvons reduire cette recherche.*

Peut-eftre que tout ce que nous allons dire fera reduit un jour par la fuite du travail
à la condition des obfervations purement experimentales, ou à celle de ces fignes dont
nous ne fçavons que la fignification, fans fçavoir la raifon de la liaifon qu'ils ont avec la
chofe fignifiée. Mais il n'eft pas entierement hors d'apparence que nos recherches n'ad-
jouftent quelque chofe à la connoiffance de la nature des Plantes; & quand il en devroit
autrement arriver, c'eft tousjours beaucoup d'adjoufter quelques obfervations & quelques fignes à l'Hiftoire d'un fujet important, & moins connu qu'il ne feroit à fouhaiter.

SECTION II.

Ce que nous avons tenté pour la recherche des vertus des Plantes.

§. I.

De la connoiffance des Plantes en elles-mefmes.

POUR fçavoir ce que les Plantes font, nous n'avons pas creû nous devoir beaucoup
mettre en peine de les refoudre, en ce que les Chymiftes appellent leurs premiers
eftres; c'eft à dire, de les refoudre fans retour en une liqueur fimple, contenant leurs
vertus, par le moyen des pretendus diffolvents univerfels, defcrits enigmatiquement
par Paracelfe, Van-Helmont, Deiconti, &c. *I. Diverfes manieres de reconnoiftre les Plantes en elles-mefmes fuivant cette reduction.*

1 Ces diffolvents ne fe trouvent que dans les livres; 2 quand on les pourroit avoir,
ils ne nous feroient pas mieux connoiftre la nature de chaque Plante, qui fe trouveroit
par là reduite à une certaine univerfalité tout au moins apparente; 3 on auroit encore
plus de peine à connoiftre la nature de ces liqueurs qui paroiftroient fimples, que des
Plantes qui font fenfiblement compofées; 4 & il feroit beaucoup plus difficile de refoudre ces liqueurs que les Plantes. *Les diffolvents univerfels rejettez.*

Nous nous fommes donc difpenfez de chercher avec beaucoup de peine des moyens
qui ne fe trouvent point, & qui ne ferviroient qu'à confondre ce que nous voulons demefler, & rendre general ce que nous voudrions particularifer; & nous avons penfé *II. Autres moyens propofez.*

G

que nous ferions mieux de tirer des Plantes, autant qu'il nous fera poſſible, les matieres
differentes dont elles font compoſées: car encore que nous ne puiſſions connoiſtre ces
matieres que par les ſens, qui n'apperçoivent jamais ce qu'il y a de plus intime, c'eſt
touſjours un degré de connoiſſance, dans ce que les Plantes font, que de voir ce qu'on
ne voyoit pas, & d'en pouvoir examiner feparement la ſaveur, l'odeur, & les autres proprietez ſenſibles qui eſtoient auparavant auſſi meſlées que les matieres auſquelles elles
appartiennent. Or c'eſt ce qu'on croit pouvoir faire, ſoit par l'expreſſion de leurs ſubſtances liquides, ſoit par l'extraction de leurs teintures, ſoit par l'analyſe generale de la
Plante, par le moyen du feu, puis qu'il ſemble que l'on connoiſtra mieux ce que les
Plantes font, quand on ſçaura ce qu'elles contiennent.

Reflexions generales
ſur ces moyens.
On voit aſſez que l'extraction des ſucs & des teintures ne ſuffiſent pas pour tirer des
Plantes tout ce qu'elles contiennent, ſans y employer le feu, au moins pour analyſer le
marc. C'eſt donc particulierement à l'operation du feu ſur les Plantes qu'il faut avoir
attention: on peut toutefois faire ces reflexions generales ſur tous les moyens propoſez.

1.
1 Ceux d'entre les Phyſiciens qui font perſuadez que les vertus de chaque choſe dependent de ſa ſtructure, pourront penſer que ces moyens ne peuvent ſervir à la faire connoiſtre; parce qu'au contraire ils vont droit à deſtruire cette ſtructure, dont on n'eſpere
pas de retrouver les principes dans les matieres ſeparées où ils n'ont peut-eſtre jamais
eſté, & où il n'y a pas d'apparence que l'on puiſſe jamais les appercevoir.

Il eſt vray que la ſtructure exterieure, c'eſt à dire la figure, eſt entierement deſtruite par
les moyens propoſez, mais elle n'eſt cauſe d'aucun des effets que nous cherchons à prevoir par l'analyſe; & ce n'eſt point par l'analyſe que nous pretendons connoiſtre cette
ſtructure. Pour ce qui eſt de la ſtructure interieure, on y peut imaginer deux degrez. Le
premier comprend celle des parties ſolides de la Plante, comme des fibres, des vaiſſeaux,
& des chairs, s'il eſt permis de parler ainſi. Le ſecond comprend celle des ſucs, des eſprits,
& meſme celle des parties ſolides, en tant qu'elles font compoſées, par exemple, de ſel, de
terre, d'huile, dont les ſpecifications pourroient eſtre rapportées aux figures des petites
parties dont ces ſubſtances font compoſées: nous appellerons celle-cy ſtructure intime.
Il eſt vray que la ſtructure des parties ſolides peut contribuer aux effets de la Plante,
quand ce ne ſeroit qu'en donnant aux parties des ſucs les figures par leſquelles ils font
capables de leurs differens effets, & nous avoûons qu'il ſeroit avantageux en Phyſique
de la connoiſtre exactement, pour prevoir la ſtructure intime des ſucs. Mais on peut eſ-
Chap. I.
perer de la connoiſtre en partie, par les moyens qui ont eſté propoſez ailleurs, & ce n'eſt
point du tout par l'analyſe que nous cherchons à la connoiſtre. Ainſi nos Analyſes ne
vont qu'à taſcher de donner quelques moyens de connoiſtre la ſtructure intime tant des
parties ſolides que des ſucs, parce que c'eſt par cette ſtructure que les Plantes produiſent immediatement leurs effets. Or il ſeroit difficile de prouver que cette ſtructure intime fuſt entierement deſtruite, ſoit dans l'extraction des ſucs, ſoit meſme dans l'analyſe du marc.

2.
2 On ne peut eſperer de connoiſtre ce que ces ſubſtances extraites font en elles-meſmes
que comme on peut connoiſtre les Plantes en elles-meſmes, c'eſt à dire, en les decom-
poſant, ce qui eſt difficile, & retombe à noſtre eſgard dans une generalité que nous voulons eviter. Car comment connoiſtre la ſpecification de l'eau & de la terre, dont quelqueſuns pretendent que toutes ces ſubſtances extraites font compoſées?

Mais ce ſeroit touſjours quelque choſe de connoiſtre ces ſubſtances par leurs effets,
tant ſur nos ſens que ſur d'autres ſujets; & l'on verra par la ſuite qu'on peut meſme en
connoiſtre la compoſition d'une certaine maniere, & juſques à un certain degré.

I I I.
Reflexions particu-
lieres ſur l'uſage du
feu dans les analy-
ſes des Plantes.
Pour ce qui regarde les analyſes generales des Plantes par le moyen du feu, il eſt à
propos, avant que de paſſer outre, de faire des reflexions generales ſur ce moyen de connoiſtre les Plantes, & ſur les difficultez qui peuvent venir d'abord dans l'eſprit des Lecteurs ſur l'uſage de ce moyen.

1.
1 Quelques perſonnes doutent ſi ce qu'on tire des mixtes par le moyen du feu, y eſtoit
avant l'operation du feu ou ſi le feu le produit.

Mais

Mais on verra par la fuite qu'il eft au moins tres-probable que ce qu'on en tire y
eftoit à peu prés tel qu'il paroift.

2 Il eft prefque impoffible qu'en travaillant les Plantes au feu, il ne s'en échape quel-   2.
que chofe, foit au travers des vaiffeaux, foit au travers des luts. Cette portion doit eftre la
plus fubtile, & l'on auroit, peut-eftre, grand intereft de la connoiftre.

Mais il fe peut faire que ce qui fe diffipe, foit de la nature de ce qui refte; & qu'il fe
diffipe feulement, parce qu'il eft plus agité. Car le feu n'agite pas également toutes les
parties des touts, mefme homogenes, puis qu'il ne les touche pas toutes immediatement,
ny également. Et quand cette partie qui difparoift, feroit plus fubtile & plus efficace que
le refte, il feroit tousjours vray que l'on connoift ce refte, & que les Plantes ont beaucoup d'effets qui ne dependent pas de cette portion fubtile.

3 Il y a beaucoup d'apparence que le feu caufe quelque alteration dans les Plantes.   3.
Quand les principes feroient inalterables, comme le pretendent quelques Chymiftes,
& tous les Sectateurs des Atomes, cela n'empefcheroit pas que le feu ne peuft alterer
les matieres que nous pretendons tirer des Plantes. Car nous ne pretendons pas reduire
ces matieres à la fimplicité des premiers principes ; & nous fommes tres-perfuadez qu'encore qu'elles doivent eftre plus fimples que la Plante, elles feront encore fort compofées.
Or quand les premiers corps feroient inalterables, le feu peut tranfpofer, joindre, divifer
les petites maffes compofées de ces corps, déplacer ces corps, & les agiter en forte qu'ils
foient plus ou moins ferrez qu'ils n'eftoient; exclure ceux qui eftoient dans les intervalles,
en introduire d'autres, en forte que les premiers corps demeurant ce qu'ils eftoient, les
petites maffes changent de façon d'eftre, & mefme les premiers corps, les uns à l'égard
des autres. Cela eftant, les matieres extraites par le moyen du feu peuvent eftre alterées
jufques à un certain point.

Mais peut-eftre pourra-t-on reconnoiftre à peu prés jufques à quel point elles font
alterées ; & l'on doit avoir égard au degré de leur alteration dans les conjectures que
l'on pourra tirer de l'eftat naturel de ces fubftances.

4 Il feroit tres-difficile d'avoir bien diftinctes par ce moyen toutes les fubftances tant   4.
liquides que folides. Quelque foin que l'on prift de les bien feparer, il feroit difficile de
reconnoiftre le point de cette feparation exacte ; & il eft enfin comme impoffible de
s'affeurer que l'on euft reduit au mefme degré de pureté, toutes les matieres que l'on
auroit tirées des Plantes, comme il feroit neceffaire pour les comparer entre elles.

Mais nous croyons qu'encore que l'on puiffe prevoir que des fubftances liquides &
folides que l'on tirera de diverfes Plantes, les unes feront plus fimples & plus feparées
que les autres; cela mefme qui paroift un inconvenient pour la diftinction des Plantes
entre elles, eft une efpece d'avantage pour cette mefme diftinction, puis que c'en eft une
que de dire que telle Plante, ou telle partie de Plante, donne des fubftances plus feparées
ou plus meflées que telle autre Plante, ou telle autre partie. Nous penfons mefme que
quand on pourroit reduire les fubftances que l'on tire des Plantes à ce degré de pureté
& de degagement des unes d'avec les autres, cela ferviroit de beaucoup moins qu'on ne
croit pour parvenir à la connoiffance particuliere de chaque Plante, comme on void
par de certaines chofes tres-compofées dont on connoift les principes. Car on peut connoiftre, par exemple, les lettres d'un Alphabet, fans fçavoir pour cela le fens d'un difcours, qui ne contient que les lettres de cet Alphabet redoublées & diverfement difpofées ; & tant s'en faut que pour connoiftre le fens de ce difcours il fuffife de le decompofer
en feparant toutes les fyllabes, qu'au contraire rien ne feroit plus capable d'en ofter la
connoiffance, & de le confondre avec d'autres difcours tout differens. Et l'on peut voir
dans ce mefme exemple, que tant s'en faut qu'il foit defavantageux de ne pas refoudre les
Plantes en leurs premiers principes, & de les refoudre en leurs principes prochains, qu'au
contraire ce feroit le moyen le plus propre à les faire connoiftre par la refolution. Car
comme il feroit poffible de deviner le fens d'un difcours qui ne feroit pas long, & dont
on auroit confervé les mots en leur entier, fans faire autre chofe que les deplacer : ainfi
il femble qu'il feroit poffible de deviner la conftitution d'une Plante qui paroift n'eftre

H

compofée que d'un petit nombre de principes prochains, que l'on n'auroit fait que de-
tacher les uns des autres.

5 Les effets des Plantes defpendent fouvent de l'union de leurs principes, & mefme
d'une certaine union: or le feu tend à defunir.

Mais tous les effets ne defpendent pas de l'union de tous les principes; & ceux qui
defpendent de plufieurs de ces principes joints enfemble, defpendent fouvent de celuy
qui domine.

6 Comme le feu peut feparer, il peut unir, & faire de nouveaux meflanges.

Mais il femble qu'il fepare beaucoup plus qu'il n'unit ; & l'on verra peut-eftre dans la
fuite que l'on peut parvenir à reconnoiftre la compofition de ces meflanges, & mefme à
les demefler jufques à un certain point.

7 On ne peut affeurer ny fi les parties du feu paffent au travers des vaiffeaux, & fe
meflent aux chofes qui y font, ny fi elles n'y paffent pas.

Mais cela n'empefche pas que l'on n'ait fujet de croire qu'il fe trouvera une grande
difference de liqueur à liqueur dans l'analyfe d'une Plante ; & une grande difference,
par exemple, d'acide à acide dans l'analyfe de deux Plantes differentes, comme l'experience nous a fait connoiftre en tant de rencontres. Et l'on peut croire affez raifonnablement que ces differences eftant grandes, quoy que les vaiffeaux & le feu foient femblables, elles devront eftre attribuées aux Plantes mefmes, en ce qu'elles ont de plus confiderable, quoy qu'on fçache bien qu'il faut avoir quelque égard au doute dans lequel
on eft fur cela.

8 On peut prevoir que l'on tirera prefque les mefmes fubftances de toutes les Plantes,
parce qu'elles paroiffent toutes compofées des mefmes principes generaux, comme la
terre, l'eau, le fel, &c. & craindre que l'on ne trouve pas de quoy diftinguer les Plantes
entre elles par les analyfes.

Mais comme la reffemblance de leurs principes generaux n'empefche pas qu'il ne refulte de ces principes generaux, & des proprietez de chaque femence, des differences
notables dans l'exterieur des Plantes, & dans leurs principes actifs: ainfi l'on peut prevoir que la reffemblance de ces principes n'empefchera pas que l'on n'y apperçoive plufieurs differences, qui feront deduites à la la fin de cet Efcrit.

9 Quelque foin que l'on puiffe prendre de regler le feu, & de choifir des matieres
femblables pour verifier une analyfe en la reïterant fur la mefme Plante, il fera comme
impoffible que l'on trouve les fubftances extraites en mefme proportion entre elles, &
avec le poids de la plante analyfée.

Il eft vray que cette difference apparente d'une Plante à elle-mefme doit faire que
l'on n'ait pas grand égard aux petites differences qui fe trouveront dans les analyfes des
Plantes differentes; mais elle ne doit pas empefcher que l'on n'ait égard aux grandes differences, & l'on peut efperer de tirer de ces differences des inductions raifonables pour
la connoiffance des Plantes.

10 Comme les combinaifons font prefque innombrables entre plufieurs chofes dont
chacune comprend plufieurs circonftances; on peut aifement prevoir que chaque Plante
aura fes diftinctions particulieres fenfibles, dans les analyfes, fans compter les diftinctions
qui ne feront pas fenfibles. Et l'on peut juger que la comparaifon de ces combinaifons,
qui comprendront tant de circonftances, fera tres-difficile à la plufpart des hommes,
pour ne pas dire impoffible.

Mais ce fera tousjours beaucoup, fi renonçant aux conjectures que l'on pourroit tirer
des proprietez tres-particulieres, nous donnons quelque lieu à l'eftabliffement de quelques nouveaux genres, & de quelques nouvelles efpeces, & aux confequences que l'on
peut tirer de ces diftinctions generales, qui ne feront pas en fi grand nombre.

11 Il fera difficile que l'on retrouve dans les matieres extraites les principes de toutes
les vertus des Plantes. Par exemple, ce qui fait qu'un poifon eft poifon, & ce qui fait
qu'un purgatif eft purgatif.

Mais on peut efperer d'y retrouver les principes de quelques effets plus ordinaires; &

nous

nous n'avons pas encore affez fait d'experiences, pour voir clairement qu'il foit impoffible de reconnoiftre quelques principes des effets plus particuliers, foit dans quelque
fubftance particuliere, foit dans quelque fpecification fenfible d'une fubftance commune,
foit dans une proportion particuliere de quelquefunes des fubftances, ou de toutes les
fubftances extraites des Plantes qui font capables de ces effets particuliers.

On voit affez par toutes ces reflexions, *1* qu'il n'eft pas évidemment impoffible de *Conclufion de ces*
parvenir par l'analyfe à un certain degré de connoiffance, qui pourra fervir au moins à *Reflexions.*
former des conjectures affez raifonnables pour eftre examinées, & peut-eftre receuës en
Phyfique, à peu prés comme les defcriptions ordinaires, qui ne laiffent pas d'eftre re-
ceuës, quoy qu'elles ne donnent pas une idée auffi vive & auffi precife de la Plante que
la veüe de la Plante mefme, & qu'elles ne la faffent pas connoiftre indubitablement;
2 qu'il eft fort difficile, pour ne pas dire impoffible, de tirer de l'analyfe une connoiffance precife & certaine de la conftitution naturelle de chaque Plante; *3* que nous
fervant de la Chymie, nous ne nous engageons ny à recevoir les principes des corps
naturels, felon les Chymiftes, comme principes, c'eft à dire, comme generaux, ny
comme fimples, ny comme inalterables, ny à eftablir des principes nouveaux dans
cet Art; mais feulement à rendre compte de ce que nous avons tiré des Plantes, fur
lefquelles nous avons travaillé.

Nous avons creû que cela devoit nous fuffire, pour nous engager à ce travail. Ce n'eft
pas que nous ne defiraffions une plus grande certitude, mais nous croyons devoir de-
meurer dans ces bornes, & nous efperons que les perfones equitables, & qui fçavent
combien les moindres chofes font difficiles à connoiftre, & combien on en a connu,
nonobftant toutes les difficultez, fe contenteront de ce que nous pouvons leur promettre, & ne defefpereront pas de trouver dans nos recherches quelque chofe de plus; &
que comme on ne laiffe pas de s'appliquer dans la Politique à connoiftre les mœurs, les
inclinations, & la portée des hommes, encore que l'on s'y trompe fouvent, on trouvera bon que nous tâchions au moins de voir jufques où l'on peut porter par la Chymie
les recherches fur lefquelles on peut efperer de fonder un jour quelques conjectures raifonnables, encore qu'on ne s'y puiffe promettre une entiere certitude.

Comme on ne peut avoir trop de fondemens dans les conjectures; que les compa- *I V.*
raifons pourront en fournir beaucoup; & que ces comparaifons peuvent eftre ou d'une *Application du*
Plante à une autre Plante, ou d'une partie à une autre partie, felon les convenances & *moyen propofé.*
les differences d'âge, de faifon, de terroir, ou de chaque Plante, & de chaque partie, felon
les diverfes manieres de travailler: nous avons analyfé de plufieurs manieres; *1* un affez
grand nombre de Plantes entieres, les prenant dans leur naiffance, entre fleur & femence, & dans leur declin; & mefme nous avons analyfé dans des faifons oppofées quelquefunes de celles qui fubfiftent durant toute l'année; *2* nous avons analyfé toutes
leurs parties en particulier dans ces differens eftats, & dans ces differentes faifons.

Voilà l'eftenduë de la matiere de noftre travail, dans la deduction duquel nous nous
fervirons de quelques termes, dont nous determinerons le fens, pour éviter les equivoques.

Nous appellons *eaux* les liqueurs diftillées qui paroiffent infipides & fans odeur; c'eft *V.*
ce que les Chymiftes appellent *phlegme.* *Explication de quel-*
ques termes.
Liqueurs aqueufes, celles que l'on peut mefler avec l'eau.

Sel fulphuré, cette efpece de fel qui paroift ne rien tenir de l'acide; & ce fel eft ou *volatil*, ou *fixe*. Nous l'appellons fulphuré, par rapport au foufre; non qu'il foit combuftible,
comme tout ce que les Chymiftes appellent du nom de foufre, fous lequel ils comprennent tout ce qui peut eftre enflammé, & ce par quoy tout ce qui eft inflammable eft
inflammable; mais nous appellons ce fel fulphuré, parce qu'il fe joint aifément à quelques
fubftances combuftibles, comme aux graiffes, aux huiles, & que l'on croit ordinairement
que les chofes qui fe joignent aifément enfemble, ont quelque rapport de nature. Ce qui
fuffit pour faire recevoir ce mot, fans entrer autrement dans la difcuffion de la chofe.

Sel lixiviel, un fel fixe, qui a une faveur de lexive.

I

Sel falin, un fel fixe, qui a une faveur de`fel commun.

Liqueurs fpiritueüfes, les liqueurs aqueufes qui ont une faveur manifefte.

Efprits, ces mefmes liqueurs, lors qu'elles ont beaucoup de faveur.

Efprits acres, les liqueurs qui excitent fur la langue quelque fentiment de chaleur. Nous les appellons *acres corrofifs*, quand ils laiffent fur la langue un fentiment d'erofion.

Efprits *fulphurez*, les liqueurs qui ont une faveur qui a quelque rapport avec celle des fels fulphurez. Nous les appellons *urineux*, quand ils ont cette faveur tres-forte.

Efprits *mixtes*, les liqueurs où l'acide domine, & qui femblent tenir d'un meflange particulier du fulphuré, qui fera expliqué dans la fuite.

Efprits *ardents*, les liqueurs aqueufes qui s'enflamment. Il femble que ce foit une efpece d'efprit fulphuré.

Efprits *falins*, les liqueurs qui femblent tenir de la faveur du fel commun.

Charbon, ce qui refte des Plantes dans le vaiffeau diftillatoire, lors que le feu ne peut plus rien pouffer dans le recipient.

On expliquera les autres termes dans l'occafion.

V I.
Neceffité d'une ana-lyfe generale.

Pour les manieres d'analyfer les Plantes, quoy-que les unes foient plus avantageufes pour l'extraction d'une fubftance, & les autres pour une autre; les unes pour analyfer une partie, & les autres pour une autre, & qu'elles meritent d'eftre preferées les unes aux autres à cét égard, & toutes pratiquées jufques à un certain point, & pour de certaines intentions: neantmoins nous avons crû devoir prendre pour fondement des comparai-fons des Plantes, & de leurs parties entre elles, une maniere univerfelle & principale, qui foit capable de tirer des Plantes & de leurs parties le plus de fubftances qu'il fe pourra, les plus diftinctes & les moins alterées. Voicy cette maniere.

V I I.
Deduction de l'a-nalyfe generale que nous avons prati-quée.

Nous avons tout diftillé par la Cornuë, tantoft de verre, tantoft de grez, à laquelle nous avons appliqué un balon à tetine, ou fans tetine, & bien lutté.

Nous donnons le feu d'abord fi lent, qu'à peine eft-il capable d'échauffer la Cornuë. Nous l'augmentons infenfiblement, jufqu'à ce qu'il paffe quelque liqueur dans le recipient. On maintient le feu en cét eftat. On ne l'augmente que quand la liqueur ne vient prefque plus. On l'augmente infenfiblement, & on pouffe ainfi le feu de degré en degré durant l'efpace de quatorze ou quinze jours jufques à l'extreme. On vuide le recipient, non feu-lement lors qu'on augmente le feu, mais plus fouvent, & l'on garde toutes ces parties fe-parées dans des phioles bouchées.

Quand le feu ne peut plus rien pouffer dans le recipient, on ofte le charbon qui refte dans la Cornuë pour le reduire en cendres, & tirer le fel des cendres avec l'eau chaude.

Suivant cette methode on a tiré des Plantes à peu prés dans l'ordre qui fuit.

1 Des efprits tres-acres de quelques Plantes. Ils viennent à la premiere chaleur.

2 Des huiles fubtiles qui viennent d'abord, ou meflées avec l'eau, ou feparées, on ap-pelle ces huiles, *effentielles.*

3 Des efprits fulphurez.

4 Des eaux fimples.

5 Des eaux qui tiennent d'un acide occulte; c'eft à dire, imperceptible au gouft.

6 Des eaux qui tiennent d'un fulphuré occulte. Nous dirons dans la fuite comment nous connoiffons ces fubftances occultes.

7 Des efprits acides.

8 Des efprits mixtes.

9 Des efprits urineux.

10 Des efprits urineux meflez d'acide.

11 Des fels volatiles.

12 Des huiles noires.

13 Du fel fixe, ou falin, ou lixiviel.

14 De la terre.

Nous avons analyfé fuivant cette methode plus de cent Plantes felon leur tout, & felon leurs parties, quelquefunes mefme felon la difference des âges. Nous avons remarqué

ce

ce qui suit. *1* Toutes les Plantes n'ont pas donné toutes ces substances. Il y en a tres-peu qui donnent de ces esprits tres-acres. Nous n'avons encore trouvé que les Ellebores noirs, l'Elleborastre, & le Saffran, qui donnent de ces esprits. Presque toutes les Aromatiques ont donné quelque huile essentielle; & presque aucune des autres n'en a donné. Il y en a eu peu qui ayent donné de l'eau exempte de toute saveur. La pluspart tenoient de l'acide, ou du sulphuré occulte. Il y en a eu quelques-unes qui n'ont pas donné d'esprit mixte. Plusieurs n'ont pas mesme donné l'odeur de sel volatile.

2 Quelques Plantes ont donné des substances que nous n'avons pas crû devoir mettre au rang de celles-cy, parce qu'elles sont si singulieres, qu'on ne les a veuës que dans l'analyse d'une ou deux Plantes, comme ces fecules blanches qui ont passé au premier degré de feu avec les esprits tres-acres du vray Ellebore noir.

3 Ordinairement plus les Plantes sont jeunes, plus elles donnent d'esprits urineux, & moins elles donnent d'acide. Il y a neantmoins quelques exceptions. Par exemple, les feüilles de Laituë ont donné leurs liqueurs sulphurées, beaucoup plus sulphurées, & plus promptement, la Laituë estant montée en graine, qu'auparavant.

4 Les tiges n'ont point donné de sel volatile en corps, si on en excepte quelques-unes qui sont extremement tendres & herbuës, comme celles de Narcisse qui mesme en ont donné peu.

5 Toutes les feüilles des Plantes que nous avons analysées n'en ont pas donné; mais les Plantes qui en ont donné par leurs feüilles, n'en ont donné ny par leurs tiges, excepté le Narcisse, ny par leur racine, comme la Coriandre, la Digitale, la Scabieuse, la grande Chelidoine, & le Narcisse mesme, quoy que sa racine soit tendre.

6 Le suc des feüilles a donné plus de sulphuré à proportion, & moins d'acide, & le marc des mesmes feüilles au contraire.

7 Les tiges & les racines ont plus donné d'acide qu'aucune autre partie de la Plante, & les tiges, mesme herbuës, plus que les feüilles.

8 Il y a eu des Plantes & des parties de Plantes qui ont donné les mesmes substances de differentes natures; par exemple, des sulphurez, des acides, & des sels de differentes natures, comme il sera dit quand nous donnerons l'examen de toutes ces substances.

9 Entre celles qui ont donné les mesmes substances & de mesme nature, les unes en ont donné plus, les autres moins; par exemple, les semences, & sur tout les grains, comme le froment, l'orge, &c. & les legumes ont donné beaucoup d'huile, tres-peu de cendres, beaucoup d'esprits urineux, & peu de sel fixe.

10 Entre celles qui ont donné à peu prés la mesme substance, en mesme quantité, les unes l'ont donné differemment conditionnée des autres; par exemple, plus ou moins acre.

11 Le rang selon lequel ces substances sont venuës dans la distillation, a esté à peu prés le mesme. Ainsi l'esprit acre est tousjours venu le premier, des Plantes qui en ont donné; l'esprit sulphuré est souvent venu le premier, & delà en avant de moins en moins dans le progrés de la distillation jusqu'à l'acide; l'acide est venu rarement dés le commencement de la distillation, & concurremment avec le sulphuré, il a paru quelquefois avant le sulphuré, & presque tousjours après. L'esprit acide est tousjours venu de plus en plus dans le progrés de la distillation jusqu'à ce que l'esprit sulphuré, ou l'urineux aïent paru. Assez souvent l'acide continuë à venir concurremment avec l'urineux. Cet esprit est venu avant l'huile noire & le sel volatile qui viennent ensemble. Les liqueurs mixtes sont venuës entre les acides & les sulphurées.

12 Plusieurs Plantes ont donné la mesme chose, mais les unes plustost, & les autres plus tard.

Nous ne dirons pas icy les remarques des differences à l'esgard des saisons, &c. parce que nous n'avons pas jusques à present assez d'observations sur ces differences, pour les donner au public. Ce sont à peu prés les remarques les plus generales; les autres seront dites dans la suite de cét Escrit.

K

I X.
Autre maniere d'a-
nalyser.

Difference de cette
maniere d'avec la
premiere, qui est pre-
ferée.

Lors que nous avons voulu voir les alterations ou compositions qui pourroient se faire si on recevoit ces matieres ensemble , & l'ordre selon lequel elles viennent quand on les separe les unes des autres par une seconde distillation ; nous les avons toutes receuës de suite dans un mesme recipient.

Nous avons remarqué que la somme du poids des substances passées dans le recipient & des restes demeurez dans la Cornuë estoit notablement moins differente de celle de la Plante, que lors que l'on change plusieurs fois de recipient ; & en cela cette methode paroistroit plus avantageuse que celle de changer de recipient.

Mais nous avons aussi remarqué, en separant les liqueurs par une seconde distillation, *1* que peu de Plantes donnent de l'acide par cette methode, & qu'elles donnent des esprits salins, qui ne font qu'un nouveau composé d'acide & de sulphuré, comme il sera dit.

2 Que le meslange des liqueurs, & sur tout des dernieres, salit de telle forte les premieres, & leur donne une odeur de bruflé si forte, qu'on ne peut reconnoistre leur odeur naturelle : ces deux inconveniens nous ont fait jusques à present preferer l'autre methode, encore que celle-cy puisse estre de quelque usage.

Au reste il faut observer , *1* que les esprits urineux qui viennent les derniers dans la distillation, montent les premiers dans la separation.

2 Qu'il nous a paru trois fortes ou trois degrez de liqueurs spiritueüses sulphurées dans ces separations. *1* Des liqueurs plus legeres que l'eau commune, de faveur. & d'odeur sulphurée, mais qui n'ont point donné d'autres indices de sulphureité : nous les appellons esprits *sulphurez resouts*. *2* Des liqueurs les unes plus legeres & les autres plus pesantes que l'eau commune , qui ont donné des indices visibles de sulphureité : nous les appellons simplement esprits *sulphurez*. *3* Des liqueurs toutes plus pesantes que l'eau commune, qui ont donné d'autres indices de sulphureité : nous les appellons esprits *urineux*.

Nous dirons en son lieu les travaux que nous avons faits, & ceux que nous avons dessein de faire, tant pour rendre plus pures celles de ces substances qui ont besoin de rectification, que pour faire connoistre plus intimement la nature, la composition, & les faveurs cachées de ces substances. Il suffira de faire icy quelques reflexions.

X.
Reflexions sur ces
substances.
1.
Qu'il est probable
qu'il estoient dans
les Plantes avant
l'operation du feu.

On ne void pas qu'il soit impossible en toute rigueur que ces substances soient un effet du feu, qui ne les tireroit des Plantes que comme nostre chaleur naturelle tire des alimens le sang, la bile, & les autres humeurs qui n'y estoient pas. Mais il y a lieu de juger avec assez de vray-semblance que cela n'est pas ainsi. Car on ne soupçonnera pas que le feu produise l'eau qu'il tire des Plantes. Il y a des parties de Plantes qui donnent de l'huile sans feu. La Resine, qui a beaucoup de rapport aux huiles noires, fort d'elle-mesme de quelques Plantes : on l'en tire sans feu avec le seul esprit de vin , & le feu tire d'autant moins d'huile noire de ces corps, que l'on en a plus tiré par les dissolvents. Les faveurs des Plantes font un signe probable qu'elles ont naturellement du sel ; outre qu'il y a plusieurs Plantes dans les sucs desquelles on void manifestement des sels tout figez. Or tout ce qu'on tire des Plantes semble estre compris dans ces substances , puis qu'il est assez probable que les esprits ne font qu'un composé d'eau & de sel. Il est donc probable que toutes ces substances estoient dans les Plantes.

2.
Dans une quantité
peu differente de celle
où elles estoient dans
la Plante.
Remarques sur cette
difference.

Tout ayant esté tres-exactement pesé jusques aux grains, la somme du poids de ces substances prises ensemble , c'est à dire des liqueurs , des sels volatils, & du charbon, égale à peu prés le poids de la Plante qui avoit esté mise dans les vaisseaux distillatoires.

Mais *1* il y a tousjours de la difference ; *2* cette difference est plus grande, le reste estant égal, en quelques Plantes de constitution seche, comme la Pimprenelle, l'Argentine, qu'en d'autres Plantes. Car les Plantes humides , comme l'Aloé d'Amerique, ont perdu, par exemple , moins d'un centiesme ; au lieu que d'autres plus seches ont perdu, par exemple , un trentiesme, &c. *3* cette difference n'est pas si grande qu'il paroist ; car *1* on pese en particulier toutes les parties de la distillation, qui font quelquefois treize ou quatorze. Or il est tres-difficile que l'on ne se mesprenne de quelque chose à chaque pesée, & c'est ordinairement plustost à dire moins qu'il n'y a, qu'à dire plus. *2* Il demeure
tousjours

tousjours quelque peu de liqueur dans le recipient & dans les entonnoirs , & les huiles paffent mefme quelquefois au travers des luts. *3* Il n'eft pas impoffible qu'un corps devienne plus leger fans rien perdre. Cela peut arriver par l'augmentation du volume, ou peut-eftre mefme par l'augmentation du mouvement ; & l'on a quelque lieu de le foupçonner dans toutes les occafions où il eft probable qu'il furvient quelqu'une de ces caufes de legereté, comme peut eftre celle-cy. *4* Outre les differences de perte , qui dependent de la conftitution des Plantes à l'efgard de l'humidité & de la fechereffe, il y en a qui dependent de la difference des vaiffeaux ; car encore que les recipients à tetine n'ayent pas beaucoup plus confervé que les autres , ils ont tousjours un peu plus confervé, parce qu'on ne les delute point que la diftillation ne foit finie. *5* La perte, telle qu'elle eft, n'eft pas egale à l'égard de toutes les fubftances diftillées. Car *1* il eft probable que plus les corps font legers, & plus le feu eft grand, plus il les diffipe. Ainfi il eft au moins probable qu'il fe diffipe plus d'efprits fimplement fulphurez que d'efprits urineux, parce que ceux-là font plus fubtils, quoy qu'il fe puiffe faire par une autre raifon qu'il fe diffipe plus d'efprits urineux que de fulphurez, parce qu'ils ne fortent gueres que par la derniere expreffion du feu, qui les agite davantage. Il eft probable qu'il fe diffipe plus de phlegme que d'acide, plus d'huile effentielle que d'huile noire ; & la difference des degrez de feu peut faire que cette difference foit moindre qu'elle ne paroift devoir eftre , parce que plus les chofes font pefantes , plus il faut de feu pour les eflever : or un feu plus violent eft plus capable de diffiper. *2* La diffipation toute feule n'eft pas la caufe du decher. Il y a des fubftances qui fe diffipent moins, & qui fe perdent davantage ; par exemple, les huiles noires penetrent les luts, & l'on ne peut tenir un compte exact de cette portion. Il y a donc eu peu de perte affez inegale, & affez inegalement partagée.

Ce qui fuit marquera à peu prés quelles fubftances font alterées par le feu, & à peu prés jufques à quel point.

3. Quelles de ces fubftances font alterées, de quelle maniere, & jufques à quel point.

L'eau diftillée des Plantes ne paroift pas alterée : il eft vray qu'elle tient fouvent du fulphuré, ou de l'acide ; mais il ne s'agit pas prefentement du meflange, finon entant que ce qui peut eftre meflé avec elle, eft alteré, ou non. Or les efprits fulphurez s'eflevent de la plufpart des Plantes à une chaleur tres-douce, ou tout au plus mediocre. Il y a donc apparence qu'ils ne font gueres plus acres que dans la Plante. Les acides ne pouvant gueres eftre eflevez que par un plus grand feu, femblent devoir eftre plus alterez, & s'efloigner d'autant plus de leur eftat naturel ; ce qui pourroit donner quelque lieu de foupçonner qu'on les tire de la Plante plus acides qu'ils n'y eftoient. Mais il ne faut que faire quelque reflexion fur les acides naturels, c'eft à dire fur les fruits, pour voir que l'alteration que l'on peut foupçonner dans ces efprits doit produire un effet tout contraire. Car tout ce qui eft acide en ce genre, l'eft ou par crudité, ou par maturité, ou par pourriture. Or pour les acides de crudité, quoy qu'ils ayent un commencement de chaleur, il ne paroift pas qu'ils ayent une chaleur confiderable ; leur crudité n'eft point l'effet d'une forte chaleur, & ils ne font pas capables d'efchauffer. Pour les fruits qui font acides, mefme dans leur maturité, comme le fuc de Citron, ce n'eft qu'une chaleur moderée qui les met dans cet eftat. Ce qui s'aigrit en pourriffant, ne s'aigrit jamais par aucune chaleur exceffive, puis qu'une chaleur exceffive n'eft jamais la caufe de cette pourriture. Le vin s'aigrit bien à la chaleur de l'air , mais il ne s'aigrit point par une forte ebulition. Les chofes mefmes qui font naturellement acides, le font moins quand elles ont efté efchauffées, comme il paroift dans la plufpart des fruits qui meuriffent, & dans les fucs aigres qui ont efté digerez ; en forte que comme l'acreté eft le figne, la caufe, & l'effet d'une forte chaleur ; l'acide eft le figne, la caufe & l'effet d'une chaleur fi lente, qu'on luy peut donner le nom de froideur. Et ce qui arrive en cette rencontre paroift tres-favorable pour prouver que ce n'eft point le feu qui produit l'acidité, qu'il n'augmente pas celle des Plantes, & qu'il n'augmente pas notablement l'acreté d'une partie des efprits fulphurez. Car les liqueurs qui tiennent de l'acreté , montent à une chaleur tres-douce, qui n'eft capable ny de produire cette forte de faveur, ny de l'augmenter beaucoup ; & la faveur des liqueurs acides qui ne montent que par une chaleur plus

L

forte, eſt de telle nature que l'on ne peut preſque ſoupçonner qu'une chaleur plus forte puiſſe ny la produire, ny l'augmenter. Il ſemble donc qu'il ſeroit difficile de ſoup-çonner dans l'acidité de ces eſprits, aucune autre alteration de la part du feu, que celle qui eſt capable de diminuer l'acidité.

Pour les huiles qui viennent au commencement de la diſtillation, elles paroiſſent tout au plus legerement alterées. Ce n'eſt pas qu'elles ne ſoient un peu plus acres, comme on le peut reconnoiſtre en les comparant avec les huiles des meſmes Plantes tirées par ex-preſſion : mais ce n'eſt peut-eſtre pas que ces huiles diſtillées ſoient changées en elles-meſmes ; & c'eſt peut-eſtre qu'eſtant plus degagées de l'eau, elles ſont non pas plus acres, mais plus pures. Pour celle qui eſt pouſſée à grand feu, ſuppoſé que ce fuſt une portion de la meſme huile qui vient de certaines Plantes dés le commencement de la diſtillation, la difference que l'on remarque dans ſa ſaveur & ſon odeur d'avec l'odeur & la ſaveur de l'huile eſſentielle de la meſme Plante, feroit voir qu'elle eſt fort eſloignée de ſon eſtat naturel, ſoit par le meſlange des ſubſtances eſtrangeres alterables, comme le ſel, que le feu chaſſe avec l'huile noire ; ſoit par le changement de la figure, ou de la maſſe, ou du temperament des parties qui luy donnent ſon odeur & ſa ſaveur naturelle.

Il y a des ſignes qui font voir que l'huile eſt changée en elle-meſme. Car l'huile tirée par expreſſion, & les choſes huileuſes, comme le beurre & les jaûnes d'œuf, mais l'huile ſur tout, prennent au moindre feu une odeur forte, qui devient d'autant plus forte, que l'on donne le feu plus fort. C'eſt pourquoy l'huile diſtillée eſt plus acre que l'huile frite ; & des huiles diſtillées, celle qu'on a paiſtrie avec la poudre de brique, eſt plus acre que celle qui a eſté diſtillée ſur les cendres, en telle ſorte qu'elle eſt capable de diſſoudre l'ai-rain & le fer : ce qui fait voir qu'elle ne change pas ſeulement de gouſt, mais qu'elle ac-quiert de nouvelles forces. C'eſt pourquoy l'huile d'œuf tirée par expreſſion adoucit la douleur, & ramollit ; mais l'huile d'œuf bruſlée eſt picquante, & devient un aſſez puiſſant deterſif : le beurre frais amollit, digere, humecte ; mais quand il eſt noircy, il devient de-ſiccatif.

Dans toutes ces experiences on void que l'on n'ajouſte rien, & que l'huile devient plus aſpre ; ce n'eſt donc pas alors par le meſlange des ſubſtances eſtrangeres. Il eſt vray qu'on en oſte & qu'on en diſſipe quelque choſe, qui peut eſtre ou doux, ou inſipide, & dont ce meſlange pouvoit la rendre moins acre ; mais ce qu'on en ſepare ne paroiſt pas proportionné à cét eſtrange changement de ſaveur. Car s'il s'exhale quelque portion du beurre, ou de l'huile dans quelques-unes de ces experiences, cela ne ſe peut pas dire de l'huile qu'on diſtille ; au moins s'en échape-t-il ſi peu de choſe, qu'il eſt malaiſé d'attri-buer à cela cette augmentation d'acreté ſi conſiderable.

On peut conclure de tout cela que l'huile des Plantes eſt d'autant plus acre, qu'elle a eſté pouſſée à un plus grand feu, & qu'elle eſt plus degagée de ſes terres ; que l'huile eſ-ſentielle eſt peu alterée, & que l'huile noire l'eſt beaucoup, tant par le meſlange des corps alterables qui paſſent avec elle, c'eſt à dire des ſels, que par l'alteration qui ſur-vient à ſes parties.

On pourroit oppoſer à cela que les huiles noires eſtant rectifiées, ont une odeur moins deſagreable ; mais cela peut ne venir que de ce qu'elles ſont degagées de leur ſuïe, & il ſe peut faire qu'elles ſoient meſme d'autant plus alterées ; d'où vient peut-eſtre qu'elles ont une odeur plus penetrante, & qu'elles ſont plus acres.

Les eſprits urineux ſont alterez à proportion de l'activité du feu qui eſt neceſſaire pour les pouſſer, & de l'alteration qui s'enſuit de cette activité dans la portion de ſel vo-latile dont ils ſont compoſez.

Pour les ſels des Plantes, ſi le feu les change, c'eſt en les rendant plus acres, & peut-eſtre meſme en fixant cette portion de ſel que l'on trouve dans les cendres, & que l'on ap-pelle fixe.

Il y a quelque apparence qu'il les rend plus acres. Car on peut à peu prés juger des ſels volatiles comme des ſels fixes, avec cette difference ſeulement, que de la maniere dont on tire les ſels fixes des Plantes, ils ſouſtiennent plus long temps un feu qui eſt encore

plus

plus violent que celuy qui fuffit pour tirer les fels volatiles , quoy que ces derniers ne viennent, au moins en corps, que fur la fin de la diftillation, où l'on donne une forte chaleur. Or il paroift qu'une forte chaleur eft capable de rendre les fels plus acres. Car fi on reverbere les fels fixes aprés les avoir tirez des cendres par la lexive, la plufpart deviennent acres ; & leur acreté augmente fuivant les degrez du feu qu'on leur donne, comme on le connoift en les gouftant, aprés les avoir reverberez , ou fondus.

Quelques Autheurs ont efcrit qu'il n'y a point de fel naturellement fixe : d'où il fuit que les fels que l'on tire des cendres des Plantes , quelques fixes qu'ils foient, eftoient dans les Plantes auffi volatiles que ceux que l'on retrouve dans la fuïe des cheminées où on brufle des Plantes. Or ce changement ne peut gueres venir que de l'operation du feu ; & ce feroit une alteration confiderable dans ces fels.

La penfée de ces Autheurs prife en general, eft entierement infouftenable. Le fel de foude blanche ou Natron , qu'on apporte d'Egypte , & qui eft apparemment le Nitre des Anciens, eft un fel tres-fixe & tres-naturel ; & fans aller fi loin , l'on tire du fel fixe des terres en les lexivant. Or il paroift tres-poffible que ces fels fixes & naturels de la terre , eftant diffolubles à l'eau , montent avec elle dans les Plantes , & qu'une partie de ces fels y demeure fixe, tandis que l'autre y eft volatilifée par les digeftions, les meflanges , les feparations, & les autres changemens qui interviennent dans les corps vivans.

Tous les faits par lefquels on pretend eftablir cette nouvelle doctrine, font équivoques, ou faux. Par exemple, que l'on faffe monter dans la diftillation reïterée de l'efprit de vin fur les lies feches qui reftent aprés l'extraction de cet efprit, tout le fel que l'on auroit trouvé fixe dans les cendres de ces lies , fi on les avoit lexivées : cela ne monftre pas plus que ce fel foit naturellement volatile, que cela ne monftre qu'il eft volatilifé. Ce fait eft donc equivoque. Que l'on ne puiffe tirer de fel des cendres du bois vermoulu, cela ne prouve rien ; car il fe peut faire que la feule agitation introduite dans le bois par les pluïes, l'air, le foleil, la chaleur exterieure, ait peu à peu volatilifé le fel fixe renfermé dans le bois. On ne peut donc pas affeurer que ce fel fuft volatile ; car il y auroit peu de chofes qu'on ne peuft appeller ainfi, hors l'or, l'argent, & les pierres, fi l'on appelloit volatile ce qu'une agitation mediocre peut diffiper durant un temps fort long. Adjouftez à cela que nous avons reconnu par experience que le bois pourry & le bois vermoulu rendent fenfiblement du fel ; & mefme le bois pourry à l'air nous en a donné plus d'une fois davantage que le poids égal du mefme bois fain. Il eft vray que c'eftoit apparemment parce que ce bois pourry eftant devenu tres-fpongieux , & fort leger ; cinq livres, par exemple, de ce bois eftoit peut-eftre le refte de deux fois autant de bois entier. Mais enfin il n'eft point certain qu'il euft moins de fel que le mefme bois entier ; & quand il en auroit eu moins, cela ne concluroit pas, comme il a efté dit.

Il n'eft donc pas certain que le fel fixe fuft volatile avant l'operation du feu. Il eft vray qu'il ne paroift pas impoffible que le feu fixe le fel volatile dans l'incineration, mais il eft tres-poffible qu'il ait efté fixe dans la Plante ; & cela paroift mefme affez probable, quand on confidere qu'il n'y a pas de preuve du contraire. Cela eftant, il femble que le feu n'altere le fel fixe des Plantes, en le rendant plus acre ; encore ne fçavons-nous pas bien s'il en change la faveur autant qu'il paroift , & s'il fait autre chofe que feparer du fel quelque partie aqueufe ou fpiritueufe capable d'en temperer la faveur.

L'impreffion que le feu paroift faire fur toutes les fubftances qui ne viennent qu'aux derniers degrez de feu , nous ayant fait defirer de pouvoir prevenir cét inconvenient, nous avons penfé à deux moyens :

4.
Deux moyens pour faire que l'analyfe par le feu altere moins les Plantes.

Le premier eft d'ouvrir les Plantes pilées, en les laiffant dans leur propre fuc durant un temps confiderable dans un lieu foufterrain, ce que nous appellons Maceration ; ou en les tenant dans leur propre fuc, à la chaleur douce, que l'on appelle ventre de cheval, ce que nous appellons Digeftion : pour détacher des parties folides, & les unes des autres les fubftances actives contenuës dans les Plantes, & faire que le feu n'ayant plus qu'à les eflever, les efleve avec moins de violence.

Ouvrir les Plantes.

M

Moderer le feu.   Le fecond eft d'effayer d'analyfer les Plantes ainfi preparées, en ne leur donnant le feu que jufques au degré qui ne donne point d'odeur de feu, & tafchant de fuppléer à la force par le temps, comme l'on fait dans les Mechaniques.

Nous n'avons penfé à adjoufter ce fecond moyen au premier, qu'aprés avoir mis le premier en ufage. L'on en verra les raifons par le recit que nous allons faire.

Deduction du pre-mier moien.   Nous avons analyfé dans leur tout & dans leurs parties, & en des âges differents, plu-fieurs Plantes preparées par une maceration de quatre mois, & les mefmes preparées par une digeftion de quarante jours; en forte que l'on a mis la mefme Plante en mefme temps à macerer dans un vaiffeau, & à digerer dans un autre.

Comme nous n'avons pas donné autant de temps à la digeftion des Plantes qu'à leur maceration, les experiences que nous avons faites de l'une & de l'autre fur les Plantes ne nous donnent pas lieu de comparer les effets de l'une aux effets de l'autre fur les Plantes, & en remarquer les differences. Nous nous contenterons donc de dire les differences que nous avons remarquées des Plantes, tant macerées que digerées, d'avec les mefmes Plantes, qui n'ont efté ny macerées, ny digerées.

Les Plantes Aromatiques ont confervé leur odeur, les Plantes Aqueufes ont tourné à une odeur de pourriture, & generalement plufieurs des unes & des autres ont tourné à l'aigre, & quelques-unes à une odeur fulphurée.

Tout ce que nous avons tiré de ces Plantes fe reduit aux fubftances, dont nous avons fait le denombrement fommaire.

Mais aucune de ces Plantes ne donne de l'eau, mefme apparemment, infipide. Toutes les liqueurs ont eu des faveurs fenfibles; & quelques-unes mefme venuës au premier degré de feu, ont eu des proprietez que nous n'avons remarquées dans l'analyfe des Plantes cruës, que dans les liqueurs qui viennent au dernier degré, comme eft celle de faire ebullition avec l'efprit de fel: ce qui monftre combien ces preparations font utiles pour degager les fubftances les plus engagées.

Cet effet eft d'autant plus remarquable, qu'il eft arrivé dans les Plantes humides, & mefme dans quelques-unes qui ont peu de faveur, comme la Morelle, qui eftant ana-lyfée cruë à la quantité de fix livres, a donné foixante-douze onces d'eau infipide à toutes efpreuves. Nous n'avons mefme aucun exemple de cet effet en d'autres Plantes, qui femblent plus pleines de ces fubftances actives. Il y a quelque apparence que cela vient de ce qu'une plus grande quantité de fuc penetre, ouvre & diffout mieux les parties fo-lides, qui d'ailleurs font plus tendres dans ces Plantes que dans les autres.

Quelques-unes des Plantes ainfi preparées ont donné des liqueurs notablement plus acides qu'elles-mefmes analyfées cruës; d'autres ont donné des liqueurs notablement plus fulphurées; d'autres ne paroiffent pas avoir eu plus de fulphuré, ny plus d'acide, mais toutes ont donné l'un & l'autre pluftoft. Il y a eu quelques Plantes dont l'analyfe paroift avoir donné les mefmes chofes, & avec les mefmes conditions, foit qu'elles ayent efté analyfées aprés cette preparation, ou fans preparation.

Toutes les liqueurs que l'on a tiré des Plantes aprés cette preparation, fe font ordinai-rement confervées plus long-temps que celles qu'on a tiré des mefmes Plantes fans pre-paration.

Quoy-que les liqueurs extraites des Plantes macerées ou digerées femblent contenir plus de fel: le charbon de ces Plantes n'en a pas moins donné de fel fixe.

Peut-eftre cela monftreroit-il que le fel fixe eft d'une autre nature que le volatile, & que l'augmentation de l'un ne fuppofe pas neceffairement la diminution de l'autre, peut-eftre auffi cela viendroit-il, non de ce que l'acide & le fulphuré y font en plus grande quantité, mais de ce que l'acide & le fulphuré ont efté exaltez, comme parlent les Chy-miftes, c'eft à dire, font devenus plus efficaces, par quelque alteration; ou parce qu'e-ftant plus degagez dans les liqueurs, ils font capables d'un plus grand effet fur le gouft & fur les liqueurs par lefquelles on les examine.

Les Plantes ainfi preparées ont ordinairement plus donné de fel volatile en corps.

Il paroift que ces preparations ont caufé quelque changement fenfible dans quelques
fels

fels fixes; car les fleurs de Keiry analyfées cruës, ont donné du fel purement falin, & les mefmes fleurs preparées par la maceration & par la digeftion ont donné leur fel lixiviel. On verra dans la fuite que ce changement peut venir du feu, & qu'il peut arriver mefme fans alteration & par le feul degagement, foit de la part du feu, foit de la part de la maceration, ou de la digeftion. Nous pourrons nous affeurer fi ce changement vient du feu, en reïterant plufieurs fois cette experience, & faifant les mefmes incinerations au mefme feu & dans les mefmes circonftances, autant qu'il nous fera poffible.

Nous ne fçavons pas certainement fi ces preparations ne font que degager ces fubftances, ou fi elles les alterent. Il y a grand lieu de croire qu'elles les alterent; car fi elles font alterables, ces preparations font fort capables d'alterer : or ces fubftances paroiffent eftre fort alterables; car 1 elles paroiffent fort changées de ce qu'elles eftoient; 2 tout le genre des Plantes fert de nourriture à plufieurs animaux de differentes efpeces : or plufieurs animaux fe fervant de la mefme nourriture, fubfiftent également chacun à fa maniere, quoy-qu'ils foient fort differens entre eux; & chaque animal fe fervant de plufieurs fortes de nourriture tres-differentes entre elles, fubfifte également, toujours femblable à foy-mefme : ces fubftances paroiffent donc tres-alterables. Cependant nous n'ofons affeurer qu'elles foient alterées; & tout ce que nous fçavons eft, 1 que tous les changemens dont nous venons de faire le rapport, peuvent eftre expliquez fans parler d'alteration; 2 que les fubftances qui viennent aprés cette preparation au premier degré de feu, font moint alterées par le feu qu'elles ne l'auroient efté, fi faute de cette preparation on n'avoit pû les degager que par les derniers degrez de feu; 3 & qu'enfin quelle que foit l'alteration que ces preparations peuvent caufer, c'eft toujours quelque chofe de fçavoir quelles Plantes font capables d'eftre alterées par ces preparations, de quelle maniere, & jufques à quel degré.

Mais comme ces preparations n'ont pas affez detaché les fels & les huiles, & affez ouvert les parties folides dans lefquelles elles font engagées, pour donner lieu à toutes ces fubftances de venir aux degrez de feu qui font capables d'y faire une impreffion fenfible; nous avons refolu, 1 de macerer plus long-temps les Plantes exactement broyées; 2 d'effayer de les analyfer au degré de feu qui a efté defcrit. Ce n'eft pas que nous efperions tout emporter à ce degré de feu, quelque temps que nous donnions à la diftillation; mais nous croyons qu'il faut au moins effayer ce moyen avant que de le juger entierement inutile, pour voir s'il ne fe trouveroit pas quelque Plante dans laquelle les fubftances foient affez peu engagées les unes avec les autres, pour faire que la maceration & la digeftion foit capable de les degager entierement, ou du moins jufqu'où cela peut aller dans de certaines Plantes.

Quelque preparation & quelque degré de feu que l'on employe à l'analyfe des Plantes, les experiences paffées nous donnent lieu de prevoir que plufieurs des fubftances qu'elles donnent dans la diftillation, viendront pluftoft de quelques Plantes, & plus tard de quelques autres. Il peut y avoir plufieurs caufes de cette difference; mais il fuffit de remarquer icy, 1 que de quelque maniere que la chofe foit, celle qui vient à plus grand feu doit eftre ou plus alterée, ou plus meflée, que la mefme qui vient à un feu plus doux; 2 & qu'il feroit de confequence, pour faire quelque comparaifon jufte d'une Plante à l'autre à cet efgard, de pouvoir marquer les degrez de feu, & le faire de telle forte que l'on peuft en donner une mefure un peu plus precife, qu'une defignation generale; en forte qu'elle nous fuffift pour faire toujours nos gradations égales, fi elle ne fuffifoit pour donner aux perfonnes du dehors des mefures precifes fur lefquelles on peuft verifier noftre travail. Quelques perfonnes de la Compagnie ont donné differens advis fur cela, dont voicy la fubftance.

Appliquer à cet ufage le Thermometre defcrit dans les Effais de l'Academie de Florence, emply d'une liqueur capable d'une legere rarefaction, avec des bulles de verre ajuftées de forte que la plus pefante ne plongera qu'à un degré de chaleur fenfiblement au deffus de la plus forte chaleur de l'air, au plus chaud de l'Efté, & les autres de là en avant de degré en degré, en forte qu'elles ne plongent que par des degrez de feu fenfi-

N

blement differents. Appliquer ce Thermometre à quelque endroit dependant d'un Athanor rempli de charbon concaffé ; & pour faire que le feu fe maintienne à un certain degré dans quelque égalité, faire qu'il faffe joüer une forte de bafcule en balance plus ou moins chargée, felon que le feu devra eftre plus ou moins fort ; en forte que le feu faifant hauffer un des coftez de la balance, l'autre, en defcendant, diminuë l'ouverture des regiftres à proportion que le feu augmente au deffus du degré auquel on le veut determiner, & qu'il les ouvre, en laiffant tomber le cofté qu'il avoit levé, à proportion qu'il diminuë au deffous de ce mefme degré.

Ce font à peu prés les reflexions qui fe prefentent les premieres, pour preparer les confequences que les Sçavans pourront tirer un jour de l'analyfe Chymique fur la conftitution naturelle des Plantes ; car il eft certain qu'il feroit advantageux pour ces confequences que les fubftances que l'on tire des Plantes fuffent dans ces Plantes avant l'operation du feu, qu'elles fuffent legerement alterées, que l'on trouvaft des moyens de prevenir cette alteration, & que fi elle eft inevitable, on peuft au moins la connoiftre, & en faire l'eftimation.

5.
Quand ces fubftan-
ces ne feroient que
l'effet du feu fur les
Plantes, on ne laif-
feroit pas d'en tirer
des ufages.

Il faut pourtant avoüer que quand toutes ces fubftances ne feroient que des effets du feu, fuivant la penfee de quelques Autheurs, nous n'aurions pas perdu noftre temps dans cette recherche, & que nous aurions mefme rendu à la focieté civile un fervice, que les perfonnes mefme qui font dans cette penfée ne peuvent nier, qui eft d'avoir tiré des Plantes plufieurs fubftances, que l'on ne fe donne pas ordinairement la peine d'en tirer, & dont on n'a point jufques à prefent donné de defcription exacte, ny calculé les proportions; & d'avoir fait voir par toutes ces extractions, finon ce qu'il y a dans chaque Plante, au moins ce qu'on en peut faire, ce qui fait une partie confiderable de l'Hiftoire de la Nature, & doit beaucoup adjoufter à la matiere Medecinale, comme on verra dans la fuite de cet Efcrit. Et c'eft la feule utilité certaine que la Compagnie fe promet dans ce travail, abandonnant le refte aux conjectures des Phyficiens.

Et mefme des confe-
quences fur les ver-
tus à noftre efgard.

Les perfonnes qui croyent que ces fubftances font des effets du feu, croyent ordinairement que la chaleur naturelle n'agit que comme la chaleur elementaire; & ceux mefme d'entre eux qui foupçonnent qu'il y a dans les animaux quelque autre chofe que la chaleur qui caufe les digeftions, ne nient pas que la chaleur n'y contribuë, & qu'elle ne foit caufe de quelques effets differents, felon fes differents degrez. Or il femble qu'on leur pourroit dire, fuivant leurs principes, que quand le feu produiroit toutes ces fubftances dans les Plantes, il ne feroit pas abfolument inutile de les connoiftre, pour tirer de cette connoiffance quelques conjectures touchant les effets que nous en pourrons attendre dans nos corps. Nous fommes tres-perfuadez qu'il intervient beaucoup de caufes, outre la chaleur, dans la digeftion des Plantes, & dans les autres changemens qu'elles fouffrent dans nos corps; mais cela n'empefche pas qu'on ne puiffe faire quelque comparaifon de chaleur à chaleur. Si donc nous avons quelque fujet de croire que la chaleur naturelle peut degager ce que le feu degage, nous avons quelque fujet de foupçonner qu'elle pourroit produire ce que le feu produit, au moins dans les fubftances qui viennent à un degré de feu, qui a quelque proportion avec la chaleur de nos entrailles. Et en effet, on void affez que le vin eftant receu dans l'eftomach, donne fon efprit qui monte à la tefte, & que la fuite de la digeftion tire des aliments quelques parties combuftibles & quelques fubftances fulphurées volatiles, qui paroiffent mefme dans les excrements. Or comme de la nature des fubftances, que nous confiderons comme degagées par l'operation du feu, on peut efperer de prendre quelque jour occafion de former des conjectures touchant ce que chaque Plante peut eftre en elle-mefme & à noftre efgard ; auffi pourrions-nous connoiftre, non ce qu'elle peut eftre en elle-mefme, mais ce qu'elle peut eftre à noftre efgard, en confiderant ces mefmes fubftances comme produites par l'operation du feu, & pouvant de mefme eftre produites par la chaleur naturelle de nos entrailles. Et cela eft tellement poffible à l'efgard des liqueurs qui peuvent venir à un degré de feu proportionné à noftre chaleur naturelle, que l'on void mefme dans quelques exemples que la feule chaleur douce & humide de l'eftomach, degage, ou forme les mefmes fubftances

de

de certains compofez, defquels on ne peut tirer ces fubftances qu'à grand feu. Car on peut raifonnablement foupçonner que l'eftomach tire de quelque maniere que ce foit de la poudre Emetique, toute infipide qu'elle eft, quelque portion des mefmes fubftances acres que l'on en tire à grand feu, & que c'eft en vertu de ces fubftances que cette poudre irrite & foufleve l'eftomach. Et fans chercher les exemples dans les genres des Mineraux, on voit affez que les hommes qui ne vivent que de legumes, de fruits, & de pain, tirent de ces alimens, par la feule chaleur de leur eftomach, les parties huileufes, & les mefmes fubftances volatiles qui paroiffent dans les fueurs & dans d'autres excremens, fans que l'on puiffe dire que le feu les y ait produites, quoy que la plus grande partie de ces fubftances ne vienne dans l'analyfe des Plantes qu'au dernier degré de feu.

C'eft à peu prés ce que nous avions à dire à l'occafion des fubftances qui paroiffent d'abord dans les analyfes des Plantes.

Quoy que ce qui vient dans cette maniere d'analyfe avant les dernieres expreffions du feu ne foit pas fimple, nous le jugeons affez pur pour n'avoir pas befoin de rectification. Car, comme nous avons dit, noftre intention n'eft pas en cet endroit, & dans l'ordinaire du travail que nous faifons fur les Plantes, d'avoir toutes les fubftances tellement feparées, que l'une ne tienne rien de l'autre, mais de les avoir telles qu'elles viennent. Nous en avons dit les raifons. Nous ne rectifions donc pas les eaux qui viennent claires, quoy que la rectification fuft neceffaire pour les empefcher de fe corrompre fi toft, parce que nous voulons connoiftre celles qui fe corrompent, en combien de temps, & de quelle maniere, & que toutes ces circonftances nous pourront mefme donner quelque connoiffance de leur compofition & des caufes de leur corruption. En un mot, nous ne rectifions ordinairement aucune des liqueurs qui viennent claires, & fans beaucoup d'odeur de feu, parce qu'il fuffit qu'elles foient telles pour difcerner l'odeur & le gouft qui leur peuvent eftre reftez de la Plante, & pour y reconnoiftre les changemens de couleur & de confiftance qui s'enfuivent du meflange que nous en faifons avec d'autres liqueurs pour en connoiftre les faveurs occultes & la compofition, comme il fera dit cy-deffous. Nous rectifions donc feulement les liqueurs mixtes qui viennent immediatement avant l'efprit urineux, l'efprit urineux, les huiles, & les fels volatiles, pour degager ces fubftances de quelques fuïes, & en particulier pour degager quelques-unes des liqueurs mixtes, & les fels volatiles d'une portion d'huile qui s'y trouve meflée. Toutes les rectifications des liqueurs fpiritueufes fe font fans meflange & dans des maffes de verre. Nous rectifions les huiles noires, fans autre meflange que de l'eau commune qui en fepare les fels volatiles; les terres demeurent dans les cornuës; pour les fels volatiles, on les lave dans l'efprit de vin, qui fe charge de leur huile.

X I.
Suite de l'analyfe.
Des rectifications.

C'eft à peu prés en quoy confifte cette analyfe generale.

Nous efcrivons dans les regiftres des analyfes, toutes ces fubftances avec leurs differences, tant celles qui ont efté dites que celles qui feront dites cy-aprés plus en particulier, & en bien plus grand nombre. Nous efcrivons ces analyfes comme une efpece de procez verbal; nous marquons combien de fois on a changé de recipient; nous defcrivons en deftail les parties de la diftillation, c'eft à dire, le poids & les qualitez fenfibles de ces parties; nous marquons le temps que l'on a mis à diftiller chacune de ces parties, & le degré de feu, autant que nous avons pû l'exprimer jufqu'à prefent, parce que nous croyons que l'on pourra tirer de ces particularitez quelque nouvelle connoiffance, ou trouver l'occafion de quelque nouvelle recherche, & qu'il n'eft pas poffible d'efcrire autrement ces regiftres, lors que l'on veut efcrire les chofes à mefure qu'elles fe font. Mais nous croyons auffi devoir rapporter toutes ces particularitez à de certains chefs principaux qui aident la memoire, & tirent l'efprit de la confufion où le jetteroit cette grande multitude de circonftances.

X I I.
Reduction de cette analyfe.

Nous croyons donc pouvoir reduire nos analyfes en la maniere qui fuit. Toutes les liqueurs aqueufes font ou infipides, ou acides, ou fulphurées, ou urineufes, ou mixtes, au fens auquel nous avons reduit ce mot. Dans toutes ces liqueurs, excepté les infi-

O

pides, nous marquons le plus & le moins, & les efpeces d'acides, de fulphurez, &c. Nous joignons donc enfemble tout ce qu'il y a d'infipide, & nous le mettons à part: nous mettons auffi à part tout ce qu'il y a d'acide, & ainfi du refte; en forte que de plufieurs parties de mefme nature, reünies enfemble fous une mefme fomme, nous n'en faifons qu'une, que nous appellons portion, que nous examinons en gros, comme nous l'avions examinée en deftail. L'huile, le fel volatile, quand il y en a, & le fel fixe font reduits fous autant d'articles; & nous examinons *1* le poids, & *2* les proprietez fenfibles de toutes ces fubftances.

XIII.
Difcuffion des fub-
ftances extraites.

Nous croyons devoir fur tout examiner ces deux circonftances, parce que le plus grand advantage que l'on ait pour connoiftre la nature de chaque Plante par la voye que nous tentons, eft de connoiftre les proprietez fenfibles des fubftances que l'on en tire. Or il eft clair que cette connoiffance feroit comme inutile pour paffer à celle de chaque Plante, fi nous ne fçavions combien il y a de chaque fubftance dans chaque Plante.

De leur poids.

Pour commencer par le poids.

1 Ce feroit peu de marquer qu'il y a tant de liqueur acide, tant de liqueur fulphurée, &c. en telle ou telle Plante, parce qu'il y a plufieurs degrez d'acide, & plufieurs de fulphureité: nous marquons donc ces degrez le plus precifement qu'il nous eft poffible.

2 Mais comme le plus & le moins font equivoques, il feroit à fouhaiter que nous peuffions marquer ce plus & ce moins par le poids de l'acide qui entre dans la compofition des liqueurs acides d'une Plante, & ainfi du fulphuré dans les liqueurs fulphurées, & de l'un & de l'autre dans les liqueurs mixtes, & nous ne defefperons pas encore de pouvoir approcher de cette precifion.

3 Si nous pouvons parvenir à connoiftre ainfi le fulphuré; pour donner la fomme du fel volatile d'une Plante, il faudra joindre enfemble la fomme du fel volatile que l'on retire en corps, & celle du fel volatile qui eft contenu dans les liqueurs.

4 Il eft difficile de tenir compte de l'huile, comme il a efté dit cy-deffus, mais pour le tenir autant qu'il eft poffible, fi l'on trouve que ce qui fe diffipe dans l'incineration du charbon foit de la nature de l'huile, ce qui fera difcuté cy-deffous, il faudroit joindre en une mefme fomme avec le poids de l'huile celuy de cette portion, & dire ce qu'on peut tirer d'huile de certaines liqueurs aqueufes. Il eft aifé de voir que le poids de cette portion combuftible qui fe diffipe dans l'embrafement du charbon, eft à peu prés égal à l'excez dont le poids du charbon furpaffe celuy des cendres.

5 Pour le poids du fel fixe, il faut remarquer qu'outre celuy que l'on tire par la lexive apres la premiere incineration, on en tire encore une portion confiderable, en calcinant les cendres, & les lexivant une feconde & une troifiefme fois.

6 Nous continuërons de nous affeurer fi une Plante ayant donné ces fubftances en certaine quantité & en certaine proportion, les donnera tousjours à peu prés en la mefme quantité & en la mefme proportion dans une analyfe femblable, le refte eftant égal, autant qu'il nous fera poffible. Quoy que nous ayons plufieurs experiences d'analyfes redoublées, dans lefquelles les fubftances principales fe refpondent à peu de chofe prés; nous n'oferions encore affeurer que cela fera tousjours ainfi; & nous continuërons à verifier ce fait par un grand nombre d'experiences, parce qu'il eft capital, & que felon que les analyfes d'une Plante refpondront l'une à l'autre plus ou moins exactement, on en tirera des differences plus ou moins generales.

Il fera fort aifé de faire l'application de tout cecy, lors que l'on aura veu de quelle maniere nous reconnoiffons les proprietez fenfibles de toutes ces fubftances: or ces proprietez fe rapportent ou aux differences de pefanteur, ou aux differences des faveurs.

De leur pefanteur.

Nous entendons icy par pefanteur, celle felon laquelle de plufieurs chofes en égal volume, les unes font dites plus legeres ou plus pefantes que les autres.

Il y a des difficultez infurmontables à juger de l'égalité du volume des liqueurs par un vaiffeau que l'on tafcheroit d'emplir egalement de l'une & puis de l'autre, parce que fi le vaiffeau eft grand, on ne peut les pefer avec la liqueur que dans une balance forte, qui

ne

ne peut jamais eftre tres-fine : s'il eft petit, on s'y peut mefprendre de quelque goutte ; ce qui eft un mefcompte confiderable fur une petite quantité.

Nous nous fervons donc de la demerfion d'un corps pefant, qui eft à peu prés l'inftrument defcrit dans les Effais de l'Academie de Florence. Cet inftrument, tel qu'il eft defcrit dans ces Effais, eft une ampoule de verre, leftée de vif-argent, ayant un col fort eftroit, divifé en parties égales felon toute fa longueur. On abandonne cet inftrument dans les liqueurs que l'on veut comparer, & l'on juge de leur pefanteur par le degré jufques auquel cet inftrument plonge dans l'une & dans l'autre, & par confequent l'on juge plus legere celle dans laquelle il plonge plus avant, & l'on marque le plus & le moins par le nombre des degrez qui font au deffous de la furface de la liqueur.

On voit affez l'ufage de cet inftrument. Mais l'on peut reconnoiftre aifément qu'y ayant une fi grande difference de pefanteur entre les liqueurs, il n'eft pas poffible qu'un feul inftrument qui plongera, par exemple, au premier degré dans l'eau forte, puiffe fervir dans une liqueur fort legere, par exemple, dans l'efprit de vin, à moins d'avoir le col tres-long. Or 1 il eft comme impoffible qu'un inftrument de cette forte plonge bien à plomb ; qu'il ne balance long-temps avant que s'arrefter ; & qu'eftant fragile au point qu'il le feroit, on ne fuft contraint d'en changer fouvent : cependant il eft tres-difficile d'en faire deux qui fe reffemblent.

2 Un inftrument à long col ne peut fervir dans une liqueur fort legere, à moins qu'il n'y ait affez de cette liqueur pour emplir un vafe profond : or il faut fe pouvoir fervir de cet inftrument en peu de liqueur, parce que tous les efprits urineux font en petite quantité à cét efgard.

3 Il faut pouvoir exprimer les differences, non feulement par des degrez, mais par des quantitez proportionnelles, par exemple, un dixiefme, un vingtiefme, &c. ce qui ne fe pourroit fans un long circuit par cet inftrument tel qu'il vient d'eftre defcrit. Pour faire donc qu'un feul inftrument ferve dans toutes fortes de liqueurs legeres & pefantes, & que l'on puiffe reduire en poids pofitifs les differences de pefanteur & de legereté, que l'on ne connoiftroit que par le plus & le moins, nous nous fervons du mefme inftrument, mais avec un col tres-court, divifé en dedans par un rouleau de papier blanc, marqué de quelques lignes tranfverfes, également diftantes l'une de l'autre. Ce col eft evafé par le haut en baffin plat. Nous donnons à cet inftrument, que nous appellerons Aræometre, precifément autant de pefanteur qu'il en faut, pour faire qu'il plonge dans la liqueur la plus legere de celles que nous avons à examiner en cette maniere, precifément jufques à la fin du deuxiefme ou du troifiefme degré du col de cet inftrument. Nous pefons cet inftrument avec exactitude. Puis aprés en avoir reconnu precifément le poids, nous l'abandonnons dans une liqueur plus pefante. Nous chargeons le baffin d'autant de poids qu'il faut pour le faire enfin plonger dans cette liqueur pefante jufques au mefme degré que dans la plus legere, & la proportion de ces poids adjouftez à la pefanteur connuë de l'inftrument, nous donne precifément la difference du poids des deux liqueurs, en forte que fi le poids adjoufté eft un centiefme du poids de l'inftrument, nous difons que la feconde liqueur eft plus pefante d'un centiefme que la premiere.

Nous ne dirons pas icy les differences precifes des fubftances extraites à cet efgard, parce que nous n'avons pas encore affez fait d'experiences de cet inftrument ainfi modifié, pour eftablir des differences affez generales.

Il faut remarquer dans l'ufage de cet inftrument, 1 Qu'il ne plonge pas tousjours également dans la mefme liqueur, & que cette inegalité va quelquefois à un degré de difference, foit qu'elle vienne de l'inegalité de la pefanteur de l'air, foit qu'elle vienne de l'inegale quantité de la matiere aërienne meflées dans l'eau ; 2 Qu'il ne marque precifément la pefanteur que dans les liqueurs tres-fluides, en forte qu'il plonge beaucoup moins dans les eaux qui font devenuës mucilagineufes ; 3 Qu'il faut avoir grand foin qu'il n'y ait ny poudre, ny rien de gras fur la furface de l'inftrument, l'un & l'autre eftant capable d'empefcher qu'il ne plonge autant qu'il feroit fans cela.

P

En nous servant de cet instrument, tel qu'il est descrit dans les Essais de l'Academie de Florence, avec toutes ces precautions, nous avons trouvé, *1* que les eaux distillées des Plantes sont à peu prés aussi pesantes que l'eau commune de Seine ; *2* que les esprits sulphurez, mesme ceux qui ont une forte saveur, comme ceux qui sont venus dans la seconde analyse, sont la plufpart plus legers que l'eau commune, parce que l'Aræometre qui plongeoit dix degrez dans l'eau commune, plongeoit vingt & vingt-un degrez dans ces esprits, & mesme jusques à vingt-deux dans l'esprit sulphuré de la Linaire ; *3* que les esprits urineux ont esté la plufpart plus pesans que l'eau commune, en sorte que quelques-uns ont à peine donné un degré de demersion, comme ceux de la Morelle, de la Jusquiame, de la Ciguë, & du Cerfeuil ; *4* qu'encore que les esprits acides soient plus pesans que l'eau commune, il y a quelques eaux tenant de l'acide, qui sont plus legeres que l'eau de la mesme Plante. Nous n'avons pas encore assez d'experiences, sur tout de ce dernier fait, pour oser rien establir sur cela.

De leurs proprietez sensibles.   Pour les autres proprietez sensibles dont nous avons quelque connoissance, elles se rapportent presque toutes aux saveurs & aux indices visibles par lesquels on les peut reconnoistre dans ces substances.

Importance de connoistre les saveurs occultes & les degrez des saveurs manifestes, & les especes de chaque saveur dans les liqueurs.   Il semble d'abord que l'on ne doive chercher d'autre indice des saveurs, que l'impression qu'elles font sur le goust. Mais *1* il y a des degrez de saveur qui ne font nulle impression sensible sur le goust. Cependant il est important de connoistre ces saveurs, parce qu'elles peuvent faire impression sur les entrailles à proportion, comme l'huile qui paroist presque insipide sur la langue, & qui ne laisse pas de piquer les yeux. Il importe aussi de connoistre si elles sont simples, si elles sont meslées avec d'autres saveurs insensibles, & en general si ce degré de saveurs occultes a quelque latitude, & de distinguer le plus & le moins dans cette latitude. *2* Il y a des degrez de saveur qui ne font qu'une impression peu sensible, confuse, & meslée de doute : & alors il est à desirer que l'on puisse verifier le sentiment du goust par quelques indices visibles. *3* Le goust ne discerne que tres-confusément les degrez de saveur les plus sensibles, lors qu'il doit juger entre plusieurs liqueurs d'une mesme saveur, laquelle a le plus de cette saveur. *4* Il ne distingue souvent point du tout les saveurs, mesme dans un degré auquel elles seroient sensibles en elles-mesmes, lors qu'elles sont meslées avec d'autres saveurs tres-fortes. Cependant ces saveurs, quoy que dominées par celles qui sont plus fortes, ne laissent pas de pouvoir ou temperer, ou fortifier leurs effets selon la contrarieté ou la convenance qui se peut rencontrer entre elles. *5* Comme les choses qui ont une saveur peuvent avoir à l'esgard de cette saveur des differences que le goust ne discerne pas, & qui les rendent capables de differens effets : il seroit bon de connoistre les especes d'un mesme genre de saveur, par exemple de l'acide, &c. *6* Presque toutes les liqueurs changent à l'esgard de leur saveur, quelques-unes plutost, d'autres plus tard : il survient de nouvelles saveurs occultes, les anciennes se perdent, ou s'affoiblissent, ou deviennent plus fortes. Or il est important de connoistre ces changemens, & il n'y a ny memoire assez fidelle pour conserver mesme d'un jour à l'autre l'idée de l'impression d'une saveur, soit occulte, soit manifeste ; ny expression assez precise pour l'exprimer, si l'une & l'autre n'est aidée de quelque signe plus precis.

XIV.
Moyen general de connoistre les saveurs & leurs degrez & leurs meslange, & que l'on donne aussi quelques signes visibles des especes de chaque saveur, & des degrez & leurs especes. Quelles saveurs nous pouvons reconnoistre par ce moyen.   Il est donc à desirer que l'on puisse donner quelques signes visibles des saveurs insensibles, de leurs degrez, de leurs meslanges, des degrez des saveurs sensibles, & de leur meslange, & que l'on donne aussi quelques signes visibles des especes de chaque saveur, & des alterations qui y surviennent par le temps. C'est ce que nous croyons pouvoir faire jusques à un certain point à l'esgard de l'acide, du sulphuré, de l'austere, & du salin, en attendant que nous trouvions d'autres signes à l'esgard des autres saveurs : ce que nous ne voyons pas que la suite du travail ne nous puisse apporter.

Nous comptons icy le sulphuré entre les saveurs, encore que ce soit plutost une substance, parce que nous n'avons point de terme autant en usage & aussi generalement entendu, pour marquer cette saveur que les Anciens n'ont point connuë, ou qu'ils ont comprise sous le nom general de salée : ce qui confond le simple & le composé, comme

il

il fera dit en parlant des faveurs. Et nous l'oppofons à l'acide, encore que les Anciens ayent oppofé l'acre à l'acide, parce que les Modernes ont obfervé une telle contrarieté de nature entre l'acide & le fulphuré, que ce que l'un fait, l'autre le defait auffi-toft. Joint à cela que nous ne fommes pas affeurez que l'acre, tel qu'il eft expliqué dans Galien, c'eft à dire, cette faveur qui imprime un fentiment de chaleur bruflante fur la langue; nous ne fommes pas, dis-je, affeurez que cette faveur ne foit compofée d'acide, comme nous dirons cy-aprés.

On fçait que les liqueurs acides rougiffent la teinture de Tornefol; que les efprits volatiles blanchiffent la folution de fublimé corrofif; que le fel marin blanchit la folution de fel de Saturne; & nous avons trouvé que de certains efprits que nous avons appellé mixtes, qui font tous fort acides, & dont une partie a de l'aufterité, ont rougi la folution de vitriol d'Alemagne d'un rouge tanné, quelquefois tres-clair, d'autres fois tres-brun; en un mot, felon toutes les nuances de cette efpece de rouge.

X V.
Moyens particuliers de connoiftre ces faveurs en cette maniere.

Nous ne difons pas qu'il n'y ait aucunes matieres plus propres à ces effais que celle-cy, mais nous difons feulement que de toutes celles que nous avons effayées, aucunes ne nous ont paru ny fi delicates, ny fi feures. Nous avons fait fur cela plufieurs tentatives. La teinture de bois Nephretique, & celle de bois de Brefil ne nous ont pas reüffi pour les acides. Quelques perfonnes ayant crû que le fublimé doux feroit plus aifé à precipiter que le fublimé corrofif, parce que les efprits acides de ce fublimé y font plus chargez de fubftances metalliques que dans le fublimé corrofif; nous avons penfé au contraire que la fubftance metallique abforbe de telle forte ces efprits acides, que les liqueurs fulphurées ne les touchent prefque pas, comme l'experience l'a confirmé. Nous ne laiffons pas de continuer à chercher d'autres moyens, foit pour defcouvrir d'autres faveurs, comme il a efté dit, foit pour mieux connoiftre & fubdivifer celles-cy, & fur tout nous nous appliquons aux indices qui regardent les liqueurs mixtes, & nous avons mefme refolu de parcourir à cette épreuve tous les Vitriols de toutes les fubftances metalliques dont nous avons connoiffance.

X V I.
Examen general de ces moyens.

Comme ces folutions de fublimé, de fel de Saturne, &c. changent de confiftence & de couleur, en les meflant avec des liqueurs qui ont une faveur manifefte, nous avons creû qu'il fe pouvoit faire que celles de ces folutions qui ont efté changées en la maniere qui vient d'eftre dite, en les meflant avec quelque liqueur apparemment infipide, ont efté changées par la mefme efpece de faveur, qui a de couftume de les changer en cette maniere; mais que cette faveur y eft fi foible, que le gouft ne la peut appercevoir. Et c'eft ce que nous croyons avoir reconnu, fur tout à l'efgard de la folution du Tornefol, du Sublimé, & du fel de Saturne.

Et de l'application que nous en faifons aux faveurs occultes.

Car *1* entre les faveurs manifeftes, nous ne connoiffons que l'acide qui rougiffe la folution de Tornefol, & que le fulphuré, qui blanchiffe la folution du Sublimé. Or fi c'eftoit une autre faveur dans les infipides apparens qui fift ces mefmes effets fur ces liqueurs, il femble que ce feroit une chofe affez finguliere à cette faveur d'eftre toufjours occulte. Il eft vray que nous avons trouvé des efprits tres-acres, qui rougiffoient le Tornefol; mais il y a beaucoup d'apparence que ce n'eftoit pas en vertu de leur acreté qu'elles le rougiffoient, à moins que leur acreté ne fuft une faveur compofée d'un certain meflange d'acide & de fulphuré, comme il fera difcuté dans la fuite. Car ces liqueurs ayant changé de faveur par le temps, en forte qu'elles eftoient tres-fenfiblement moins acres, & faifoient fenfiblement moins les effets du fulphuré, elles n'ont pas moins rougi la folution de Tornefol qu'auparavant. Nous avons auffi trouvé que des liqueurs urineufes qui n'avoient point d'acidité fenfible ont rougi la folution de Tornefol; mais comme ce meflange rougi redevenoit bleu par l'addition d'un fel fulphuré, nous avons creû que ce fel ne reftabliffoit la couleur bleuë du Tornefol qu'en deftruifant la faveur qui l'avoit rougi: or il ne fe peut pas faire qu'il euft deftruit l'urineux, puis qu'ils font de mefme genre; il ne peut donc avoir deftruit que fon contraire, c'eft à dire, cette portion d'acide qui fe rencontroit dans les liqueurs urineufes, qui font capables de rougir le Tornefol. *2* Toutes les fois qu'une liqueur à commencé de rougir

Q

la teinture de Tornefol, ou blanchir la folution de fublimé, elle a continué de le faire dans le progrés de la diftillation jufques à ce qu'elle foit venuë avec la faveur qui ref-pond à cet effet. *3* Toutes les fois que noùs avons meflé de l'acide ou du fulphuré dans de l'eau en une certaine quantité, qui toutefois ne rendoit fenfible ny l'une ny l'autre de ces faveurs dans le meflange, l'eau a fait les mefmes effets que les liqueurs apparem-ment infipides, que nous foupçonnons tenir de l'une ou de l'autre de ces faveurs. Nous fommes donc perfuadez que les faveurs infenfibles, qui font un effet femblable aux fa-veurs fenfibles fur les folutions de Tornefol & de Sublimé, font d'un mefme genre, & ne different que du plus & du moins.

Pour la folution de fel de Saturne, nous avons efprouvé que meflant du fel marin dans une liqueur incapable de la troubler, & en meflant fi peu, que le gouft n'y pouvoit defcouvrir aucune faveur, cette liqueur ne laifloit pas de troubler la folution de fel de Saturne : mais comme cet effet eft commun à quelques fubftances differentes du fel marin, nous nous refervons à en donner la diftinétion dans la fuite.

Voicy maintenant les obfervations neceffaires dans l'ufage de ces moyens.

Dans l'ufage du Tornefol il faut obferver;

1 Que la folution paroift rouge-brun eftant veuë entre l'œil & la lumiere du jour dans un vaiffeau eftroit; que ce rouge s'efclaircit, quand on l'a delayé jufques à un cer-tain point, mefme avec une liqueur infipide; & que quand on l'a delayé davantage, & qu'il commence à n'eftre plus d'un bleu enfoncé, elle paroift telle qu'elle eft, c'eft à dire, bleuë.

2 Que l'on peut par confequent diftinguer ce rouge moins brun, qui femble luy eftre communiqué par une liqueur infipide, d'avec celuy qui luy eft veritablement commu-niqué par une liqueur acide occulte, en continuant de verfer de la liqueur fur le Torne-fol, parce que le meflange avec la liqueur vrayement infipide tournera tout d'un coup au bleu, au lieu que plus on y met de liqueur acide-occulte, plus le meflange devient rouge.

Il y a un autre moyen de diftinguer fi le Tornefol eft veritablement rougi, qui eft d'a-giter en rond le verre où eft le meflange; car fi ce meflange n'eft pas veritablement rougi, la partie de la liqueur qui monte au deffus de la furface vers les bords du verre, paroift comme un limbe bleu, au lieu que ce limbe paroift rouge, fi elle eft veritable-ment rougie.

Pour diftinguer fi le Tornefol eft plus ou moins rougi, il faut fçavoir, *1* Qu'il y a de deux fortes de rouge en general, l'un tient du bleu, comme le colombin, le pourpre, le cramoifi; l'autre tient du jaune, comme le couleur de feu, d'orangé. Entre ces deux extremitez il y a un rouge qui paroift ne tenir ny de l'un ny de l'autre, & que l'on ap-pelle proprement rouge. *2* Que le Tornefol n'eftant rougi dans le cas dont il s'agit que parce que fa couleur naturelle eft effacée; & cette couleur n'eftant effacée que par le moyen d'un acide, plus l'acide fera fort, plus il effacera le bleu, & plus il tournera au couleur de feu & à l'orangé; & au contraire, moins il fera fort, plus il laiffera de bleu. Or nous appellons icy rougi davantage ce dont la couleur approche le plus de l'orangé; & moins rougi, ce dont la couleur retient le plus du bleu, ou tourne le plus prompte-ment au bleu par le meflange de l'eau commune.

Il eft aifé de comprendre que toutes les efpeces de rouge ont chacune leurs degrez, qui ne confondent point les efpeces tant qu'elles fubfiftent, en forte qu'un couleur de feu, quelque clair ou quelque enfoncé qu'il foit, eft tousjours cenfé couleur de feu, un pourpre de mefme, & ainfi du refte.

Ces differentes efpeces de rouge ne font pas une marque des differences de nature qui fe pourroient rencontrer dans l'acide, mais des differents degrez d'acidité; car fi on verfe de l'eau fur des meflanges de toutes ces fortes de rouge, le colombin tournera tout d'un coup au bleu, il en faudra davantage pour y tourner le pourpre rouge, & ainfi de degré en degré jufques au couleur de feu, qui fouvent fe maintient, & quelquefois tourne foiblement au gris-de-lin foible & vineux. De là vient encore que plus on met

de

de liqueur acide dans le Tornefol, plus il devient rouge, comme il a esté dit; & plus une liqueur est acide, moins il en faut pour donner au Tornefol un certain degré de rougeur: d'où il arrive souvent que tres-peu d'une liqueur tres-acide sur une certaine quantité de solution de Tornefol, la rougit plus qu'une plus grande quantité d'un foible acide sur une moindre quantité de Tornefol.

On ne peut donc juger du plus & du moins d'acidité, soit occulte, soit manifeste, que l'on ne sçache la quantité relative de la liqueur acide, & celle du Tornefol, & le degré de la couleur qui resulte du meslange.

Il y a pourtant des liqueurs si foiblement acides, qu'elles n'iront jamais au couleur de feu, quelque quantité qu'on en mesle avec la solution de Tornefol.

Cela supposé, on reconnoist ainsi les degrez d'acidité.

Il est bien aisé de distinguer l'acidité manifeste de l'acidité occulte ou douteuse.

Pour les degrez de l'acidité occulte. Quelques liqueurs apparemment insipides rougissent la teinture de Tornefol tres-enfoncé, & mesme les unes plus, & les autres moins; en sorte que l'on peut distinguer des degrez dans la latitude de leur acidité occulte.

Mais il y en a de si foibles, qu'elles ne font rien de sensible sur la solution de Tornefol, si l'on n'en verse une grande quantité sur tres-peu de cette solution; car le meslange rougit peu à peu, & fait un gris-de-lin lavé, ou un rouge fort clair. Il y a peu d'acides occultes assez foibles pour ne se pas faire connoistre par ce moyen.

Les acides manifestes meslez en petite quantité avec la solution de Tornefol, font un effet sensible, & quelquefois si grand, qu'une goutte en rougit cinquante de Tornefol.

Quand la difference est grande, elle est aisée à connoistre, mesme sans en tenir de mesure. Quand la difference est mediocre, la mesme quantité de liqueur meslée sur la mesme quantité de solution de Tornefol fait des meslanges d'un rouge different, & nous connoissons les degrez de l'acidité & leur difference par les degrez des rouges, & leur difference. Quand la difference est petite, elle est imperceptible, mais on la reconnoist en versant sur les meslanges une égale quantité d'eau; car alors les differences imperceptibles deviennent sensibles, le meslange de couleur de feu composé de l'acide le moins fort, tournant, par exemple, au cramoisi, & le plus fort au rouge; & nous avons quelquefois verifié par ce moyen la gradation des acides venus presque immediatement de suite dans l'analyse d'une mesme Plante.

Il y a des liqueurs qui rougissent en couleur de feu la solution de Tornefol, d'une maniere que quelque quantité d'eau qu'on y verse, on efface plutost toute la rougeur dans le meslange, qu'on ne change l'espece de la rougeur, en sorte que la couleur de feu finit par le jaune, qui s'efface ensuite en mettant de l'eau de plus en plus.

Cela ne fait point une espece particuliere; car on a observé que toutes les liqueurs qui font cet effet, font d'un jaune brun: or on sçait combien le jaune est favorable au rouge, & contraire au bleu. Il faut une grande quantité d'eau pour destruire un fort acide, & pour reduire au jaune clair un jaune fort roux & fort enfoncé; le rouge est effacé avant que l'acide soit assez affoibli pour laisser reparoistre le bleu, & alors le jaune paroist seul. Nous avons confirmé cela par experience, en jauniffant fortement des liqueurs assez foiblement acides: car les meslanges de ces liqueurs avec le Tornefol, qui tournoient aisement au colombin, quand on y versoit un peu d'eau, n'y tournoient que tres-difficilement, quand elles avoient esté jaunies par art, & meslées avec le Tornefol en mesme proportion.

Quelques-unes de ces liqueurs rousses ayant rougi la teinture de Tornefol, le meslange ayant esté delayé avec de l'eau, est tout-à-coup devenu verd.

Cela ne fait point encore une espece particuliere, & ne marque que la foiblesse de l'acide qui avoit rougi, aidé par la rousseur qui fortifioit l'apparence du rouge. Car cet acide & la rougeur qu'il avoit introduite ayant esté tout-à-coup effacez par l'eau, qui d'ailleurs a esclairci la rousseur naturelle de la liqueur, le meslange à eu tout ce

R

qui eftoit neceffaire pour paroiftre verd ; c'eft à dire, le bleu du Tornefol, & le jaune de la liqueur.

Nous dirons les fignes d'où on peut deduire quelques efpeces d'acides, quand nous aurons parlé des indices que l'on tire des changemens de la folution de fublimé par les liqueurs fulphurées.

2.
Dans l'ufage du fublimé.

Il s'en faut beaucoup qu'il y ait autant de mefures à garder dans l'ufage de cette folution que dans l'ufage de la teinture de Tornefol. Il eft certain neantmoins que plus on met d'une liqueur fulphurée dans cette folution, plus elle la blanchit : mais comme ce plus & ce moins ne confondent pas les differences de cet effet fur lefquelles nous eftabliffons les differents degrez de fulphuré, nous ne nous fommes pas mis en peine de marquer les proportions, comme nous avons fait dans quelques-uns des meflanges, qui fe font avec la folution de Tornefol.

Les differents effets du fulphuré fur lefquels nous en eftabliffons les differents degrez, font *1* de rendre cette folution louche, ce qui marque le plus foible fulphuré ; *2* de la rendre laiteufe, ce qui fe termine avec un peu de temps à la precipiter ; *3* de la precipiter fur le champ ; *4* de la cailler. Ce dernier effet eft particulier aux liqueurs les plus fulphurées, qui caillent auffi la folution de vitriol. Ces quatre differents effets femblent eftablir quatre principaux degrez de liqueurs fulphurées, & les differentes proportions des liqueurs fulphurées avec la folution de fublimé ne confondent point les indices de ces degrez. Car quelque peu que vous mettiez d'une liqueur fortement fulphurée dans la folution de fublimé, elle caille ce qu'elle touche ; & quelque quantité que vous mettiez d'un fulphuré capable de la rendre laiteufe, il ne la caillera pas.

Il eft vray que le premier degré a une latitude fenfible, & que les differentes proportions des liqueurs fulphurées à ce degré avec la folution de fublimé, peuvent faire de differentes apparences qui vont à confondre entre elles les fubdivifions de ce degré. Mais il femble qu'il n'importe pas beaucoup de les demefler, & au pis aller, il fera fort aifé d'introduire dans ce degré le deftail des proportions, fi on le juge neceffaire.

La difference la plus confiderable que nous y ayons remarquée, eft que quelques liqueurs tres-legerement fulphurées ne font d'abord nul effet fur la folution ; mais un quart-d'heure ou plus apres qu'elles ont efté meflées, le meflange prend comme une couleur d'opale, qui tourne à veuë d'œil, & vient au louche fouvent affez fortement.

Il y a auffi une difference dans l'urineux, qui femble y marquer diftinctement deux degrez ; car l'un meflé avec l'efprit de vin fait quelque concretion faline, & l'autre n'en fait pas : or il y a beaucoup d'apparence que cette concretion vient de ce que les efprits qui font urineux à ce degré, font tellement chargez de fel, que leur eau n'en peut porter davantage ; en forte que l'efprit de vin fe joignant à cette portion aqueufe, & la rendant d'autant moins capable de diffoudre les fels, les precipite en petites maffes: ce que nous avons veu arriver meflant de l'efprit de vin dans l'eau furchargée de fel marin & d'alun. Mais ces differences ne font pas de celles dans lefquelles la differente proportion des liqueurs meflées puiffe faire quelque confufion.

La folution de fublimé nous a paru à peu prés auffi delicate à l'efgard du fulphuré, que la teinture de Tornefol à l'efgard de l'acide ; car elle marque le fulphuré occulte, & mefme dans une grande latitude. Mais cet indice n'eft pas auffi general que la teinture de Tornefol, au moins, fi de certaines liqueurs, que nous appellons *efprits fulphurez refouts*, font veritablement fulphurées ; parce que ces liqueurs ne blanchiffent nullement cette folution.

Il femble neantmoins que l'on peut tirer un avantage de cet inconvenient, qui fera peut-eftre d'eftablir quelques differences de fulphuré, fuivant la maxime qui dit que les chofes qui font differentes à l'efgard d'une troifiefme, font differentes entre elles: car on peut dire en general que l'une de ces liqueurs fulphurées l'eft de telle maniere, que ce qu'elle contient de fulphuré fe peut unir avec l'acide du fublimé ; & que l'autre eft de telle maniere, que ce qu'elle contient de fulphuré ne peut fe joindre avec cet acide: ce qui peut venir de la compofition du fulphuré & de fon meflange avec quelque

fubftance

fubftance eftrangere, qui feroit un milieu d'union, ou d'exclufion ; & en ce cas ce ne feroit pas une difference de nature : mais cela peut auffi venir de la conftitution du fulphuré, & en ce cas ce feroit une difference confiderable.

Nous avons dit que feparant par la rectification les liqueurs venuës tout de fuite dans un mefme recipient, nous en avions trouvé de fulphurées de trois efpeces. Celles que nous appellons efprits fulphurez refouts, font celles qui ne font nul effet fur la folution de fublimé. Celles que nous appellons efprits fimplement fulphurez la blanchiffent, & ne font nulle effervefcence fur l'efprit de fel ; & celles que nous appellons efprits fulphurez urineux blanchiffent la folution de fublimé, & la caillent quelquefois, & font effervefcence avec l'efprit de fel.

Nous doutons encore fi ce que nous appellons efprits fulphurez refouts merite d'eftre appellé efprit, & mefme s'il eft fulphuré. Cependant il femble que toutes les liqueurs aqueufes, qui ne font pas des eaux fimples, font fpiritueufes : or ces liqueurs ne paroiffent pas eftre des eaux fimples, car elles font fenfiblement plus legeres que l'eau. Et pour ce qui regarde le doute où nous fommes encore de leur fulphureité, fi leur faveur & leur odeur qui tiennent de l'odeur & de la faveur des fels fulphurez n'en font pas des fignes fidelles, nous reïtererons quelques analyfes, pour examiner ces efprits par le Tornefol rougi par un acide tres-foible, pour voir fi ces liqueurs verfées fur le meflange reftabliront fenfiblement plûtoft le bleu du Tornefol que l'eau commune, ou pour les examiner par quelque autre moyen.

Suppofé que ces liqueurs foient fulphurées, il femble que les trois differents effets de ces trois efpeces de liqueurs, font des marques de trois differents degrez, ou de trois differentes natures dans les liqueurs fulphurées. Or il paroift que ce ne font pas des differences de degrez. Car fi cela eftoit, il arriveroit toujours que plus ces liqueurs auroient de faveur, plus elles feroient fortement l'effet qui leur eft propre : or il y a des liqueurs qui blanchiffent la folution de fublimé, & qui n'ont aucune faveur fulphurée fenfible ; & les efprits fulphurez refouts, qui ne font nul effet fur la folution de fublimé, ont une faveur fulphurée fenfible. D'ailleurs il y a eu des efprits fulphurez qui ont eu une faveur plus forte que certains efprits urineux, & qui pourtant ne font aucune effervefcence fur l'efprit de fel ; outre qu'à de certaines Plantes tant digerées que macerées, comme la Morelle & le grand Heliotrope à queuë de fcorpion, les liqueurs qui font venuës à une chaleur prefque infenfible, & qui ont fenfiblement moins de faveur que certains efprits fimplement fulphurez, ont fait ebullition avec l'efprit de fel.

Une autre forte de difference apparente des liqueurs fulphurées confifte en ce que quelques-unes d'entre elles troublent la folution de Saturne, & d'autres ne la troublent pas. Nous appellons cette difference apparente, parce que nous avons defcouvert que celles qui troublent la folution de fublimé, & ne troublent pas la folution de fel de Saturne, tiennent de l'acide ; & c'eft cela qui nous a obligé de preferer le fublimé comme plus feur, plus delicat, & plus univerfel.

Mais peut-eftre pourroit-on eftablir une vraye difference fur ce que quelques-unes de ces liqueurs troublent plus fenfiblement la folution de fel de Saturne que celle de fublimé, & d'autres au contraire.

Les effets du fel de Saturne, du Sublimé, & du Tornefol confiderez enfemble, nous ont fait entrevoir auffi quelques differences dans l'acide ; car il y a des liqueurs acides, tant occultes que manifeftes, qui troublent la folution de fel de Saturne, & d'autres qui ne la troublent pas. Nous ne nions pas que les liqueurs acides, qui troublent la folution de Saturne, ne puiffent eftre fulphurées, mefme fans qu'on s'en apperçoive ; mais il ne paroift pas qu'il y ait lieu de croire qu'elles agiffent en vertu de cette portion fulphurée que l'on y peut foupçonner. Car plufieurs liqueurs tres-manifeftement fulphurées, qui ont eu un peu d'acide, n'ont pas blanchi la folution de fel de Saturne, & d'autres liqueurs tres-acides l'ont blanchie, comme l'efprit de vitriol, l'efprit de foufre, l'efprit philofophique, l'efprit de fel. Ainfi l'on voit que des acides tres-foibles, non-feulement ne l'ont pas blanchie, mais ont empefché que ce qui la devoit fortement blanchir, ne la

3.
Dans l'ufage du fel
de Saturne.

S

blanchift, tandis que d'autres liqueurs tres-acides l'ont non-feulement blanchie, mais caillée.

Que la folution de fel de Saturne fert à diftinguer de differentes efpeces d'acide.

Quelque bizarre que paroiffe cette folution, qui femble faire le mefme effet à l'efgard des chofes auffi oppofées qu'un fort acide & un fort fulphuré, elle eft au moins conftante en ce point, qu'elle blanchit tousjours par certains acides; & qu'elle ne blanchit jamais par d'autres, fans que l'on puiffe dire que ce foit le fort, ou le foible qui faffe cette difference, en forte que ce n'eft point un indice de degrez dans l'acide, mais de nature. Car outre ce qui refulte de ce qui vient d'eftre dit, que de tres-foibles acides ont mefme empefché l'effet de tres-forts fulphurez fur cette folution, on peut adjoufter icy que les forts acides qui la caillent eftant affoiblis avec plus de mille fois autant d'eau commune, l'ont tousjours blanchie tres-fenfiblement plus que ne fait l'eau de Seine.

On peut mefme adjoufter qu'entre les forts acides, ceux qui ne l'ont pas blanchie, font ceux que l'on peut avec plus d'apparence foupçonner de tenir quelque chofe du fulphuré; car l'efprit de miel, l'efprit de tartre, le vinaigre diftillé, & l'efprit de nitre l'ont laiffée tres-claire; au lieu que l'efprit philofophique, l'efprit de fel, l'efprit de vitriol l'ont caillée.

C'eft ainfi que nous connoiffons l'acide & le fulphuré, leurs degrez & leurs efpeces. Et les mefmes indices fervent à connoiftre leurs meflanges mutuels, au moins ceux qui ne font pas intimes; car les liqueurs qui tiennent en cette maniere tout enfemble de l'acide & du fulphuré, en font à la fois les effets & fur la teinture du Tornefol, & fur la folution du fublimé, & l'on peut mefme juger jufques à un certain point de leurs differents degrez par les differences de leurs effets qui ont efté expliquez.

Comment la folution de fel de Saturne eft un indice de la faveur faline occulte.

Comme la folution de fel de Saturne eft également precipitée par quelques fulphurez, par quelques acides, & mefme par l'eau commune, & enfin par le fel marin, il femble qu'elle ne puiffe eftre qu'un figne fort equivoque de la faveur faline. Cependant comme la faveur faline ny l'eau commune ne precipitent pas le fublimé, & qu'elles ne rougiffent pas la teinture de Tornefol; peut-eftre pourroit-on dire que toute liqueur apparemment infipide, qui ne fait ny l'un ny l'autre de ces effets, & blanchit la folution de Saturne, eft ou de l'eau, ou une liqueur faline occulte.

Or pour l'eau, on peut croire qu'elle ne precipite la folution de Saturne, que parce qu'elle affoiblit l'acide du vinaigre diftillé chargé de la cerufe, qu'il ne peut plus fouftenir quand il eft affoibli. Mais il faut confiderer 1 que toute liqueur aqueufe infipide doit faire le mefme effet, & que plufieurs liqueurs diftillées qui font infipides à toutes efpreuves ne le font pas; & 2 que l'on trouve tousjours un peu de fel dans les refidences des eaux les plus infipides, quand elles font évaporées; & que ces mefmes eaux eftant diftillées à un feu tres-lent, precipitent moins la folution de fel de Saturne qu'auparavant. Or ces confiderations portent à croire, 1 que ce n'eft point comme infipides qu'elles precipitent le fel de Saturne, 2 que c'eft comme chargées de quelque portion du fel qu'elles prennent en paffant par les terres. D'où vient peut-eftre que la plufpart des eaux des puits precipitent beaucoup plus que les eaux de riviere, encore qu'elles foient moins infipides.

Il femble donc qu'avec ces diftinctions la folution de fel de Saturne marqueroit affez diftinctement la faveur faline, & que le plus grand inconvenient qu'il y auroit dans cet indice feroit, qu'eftant extremement delicat, il feroit d'un grand ufage en Phyfique à marquer cette faveur avec une extreme exactitude, mais de peu d'ufage pour la Medecine, confondant dans cette faveur les degrez qui ne peuvent faire aucun effet avec les degrez qui peuvent faire quelque effet.

Il feroit pourtant affez aifé d'abforber cette portion inefficace par une certaine quantité connuë de certain acide; par exemple, de l'efprit de falpeftre, pour n'avoir efgard qu'à celle que l'on defcouvriroit par la folution de Saturne, aprés avoir meflé cette portion d'efprit de falpeftre dans les liqueurs que l'on voudroit examiner.

Sur le vitriol d'Alemagne.

Il faut dire maintenant ce que nous avons remarqué dans l'ufage de la folution de vitriol d'Alemagne. 1 Nous n'avons trouvé aucune portion des liqueurs acides qui font

venuës

venües au commencement de la diftillation, qui fuft capable de la rougir. La liqueur qui a precedé immediatement celle qui rougit la folution de vitriol en a tres-fouvent effacé la verdeur. Nul acide fimple, quelque fort qu'il foit, ne la fait que celuy qui eft venu des Plantes immediatement avant l'efprit urineux. Ces acides rougiffent tous fortement le Tornefol, & ne font rien fur le fublimé. Les liqueurs qui ont fait cet effet, ont tousjours efté fort acides. Plus elles ont efté acides, plus elles l'ont fait. Plus on en a meflé avec la folution de vitriol, plus elles l'ont rougie. Plufieurs de ces liqueurs ont efté acerbes. Quelques-unes n'ont pas paru telles. Quelques liqueurs fort acerbes n'ont point fait cet effet de rougir le vitriol.

On voit donc, que ce n'eft pas l'acide feul qui rougit le vitriol. Il n'eft pas certain mefme qu'il y contribuë, fi ce n'eft peut-eftre en effaçant la verdeur de la folution, & faifant place à une autre couleur, qui ne vient pas du degré de l'acide, mais apparemment du meflange de quelque portion du fulphuré & de l'acide meflé enfemble plus intimement. C'eft donc une marque affez certaine de ce meflange, s'il fe trouve veritable, & des degrez d'acide qui y interviennent, pourveu que l'on confidere dans l'eftimation de ces degrez la proportion de la quantité de ces liqueurs acides avec la quantité de la folution de vitriol. S'il ne marque que l'acerbe, il faut qu'il en marque les degrez occultes, mais il ne marque pas tous les acerbes.

Nous difcuterons cy-aprés la compofition de ces liqueurs & de quelques autres. Ce qui vient d'eftre dit, fuffit pour montrer qu'il faut encore travailler fur cet indice, ou pour le rejetter, ou pour le rendre plus general & plus precis.

On peut icy dire en paffant que cette folution jaunit par le meflange de quelques liqueurs tres-limpides: quelquefois ces mefmes liqueurs la troublent; prefque toutes celles qui l'ont troublée font fulphurées, & on les reconnoift pour telles aux fignes que nous avons expliquez. Mais comme de celles qui l'ont jaunie fans la troubler, les unes font reconnuës pour acides, & les autres pour fulphurées fimples, on ne peut dire que ce figne puiffe eftre rapporté à l'un ny à l'autre, mais il doit eftre rapporté à quelque circonftance commune à tous les deux. Nous ne connoiffons pas encore cette circonftance; peut-eftre que la fuite du travail nous la fera connoiftre. Il a efté un temps que nous foupçonnions que c'eftoit un accident commun à toutes les liqueurs meflées de quelque huile effentielle, foit qu'elles fuffent acides, foit qu'elles fuffent fulphurées, parce que nous en avions plufieurs exemples, & que nous n'avions trouvé qu'une feule exception d'une liqueur meflée de beaucoup d'huile effentielle qui verdiffoit la folution de vitriol, & cette exception ne nous paroiffoit pas contraire à noftre opinion, parce que la liqueur tenant beaucoup d'huile, pouvoit bien donner une plus forte teinte d'un certain jaune, qui tourne aifément au verd. Mais nous avons eu depuis plufieurs exemples de liqueurs capables du mefme effet, & nous n'avons pas encore reconnu d'huile effentielle dans ces liqueurs.

Cette mefme folution prend un verd brun par des liqueurs urineufes, meflées d'une portion confiderable d'acide que l'on connoift, en ce qu'elles rougiffent la teinture de Tornefol. Ce figne eft confirmé, en ce que jamais ces liqueurs capables de verdir fortement la folution de vitriol n'ont fait une effervefcence confiderable avec l'efprit de fel, joint à cela qu'il y a des liqueurs purement acides qui ont augmenté la verdeur de la folution de vitriol. Cette augmentation de la couleur eft donc un figne affez precis & affez general de l'acidité de ces liqueurs; mais comme on en a deux autres qui marquent fort precifément le meflange de l'acide dans les liqueurs, on ne doit confiderer ce troifiefme que comme une confirmation des deux autres, jufques à ce qu'on en puiffe tirer quelque autre ufage.

On n'a pas encore affez travaillé fur les huiles, pour en rien dire de plus que ce qui en a efté dit.

Nous y pourrons obferver les differences de poids, de faveur, de nature, & de penetration qui va dans quelques huiles jufques à la diffolution de quelques matieres metalliques.

XVIII.
Suite de cette difcuffion.
Des huiles.

T

On peut dire icy en passant, qu'encore que nous ne voyons pas qu'il importe beaucoup de sçavoir les differences de tout ce qu'il y a de liquide dans les Plantes à l'esgard
de la matiere aërienne, qui peut y estre contenuë: neantmoins nous avons commencé
à examiner quelques liqueurs acides & quelques liqueurs sulphurées dans la machine
du vuide. Nous avons trouvé que les esprits urineux commencent à jetter de l'air
presque aussi-tost que l'esprit de vin ; de là en avant , plus lentement, presque autant,
& plus que les acides qui en donnent d'autant moins qu'ils sont plus acides, &c. On
peut voir dans le peu que nous avons fait en cela jusques à present le plan des compa-
raisons que nous pourrons faire des esprits acides des Plantes avec les acides des mineraux, des sulphurez avec l'esprit de vin, des liqueurs acides entre elles selon leurs degrez,
selon leurs especes, &c. de mesme des liqueurs sulphurées & des liqueurs mixtes.

On peut proposer icy d'examiner dans les sels volatiles les differences de volatilité, &
de chercher quelque difference de nature proportionnée à celle que l'on soupçonne
dans les liqueurs qui en sont empreintes, &c. Tout ce que nous y avons remarqué jusques
à present est que quelques Plantes le donnent plus pur que d'autres.

Pour les sels fixes, nous avons assez remarqué qu'ils diminuënt notablement au feu,
pour soupçonner qu'on pourroit establir quelque difference sur le plus & sur le moins
de fixité, sur leur pesanteur, les examinant dans l'eau commune , chargée d'autant de
ces sels qu'elle en peut prendre , sur le rapport que leur pesanteur pourroit avoir , ou ne
pas avoir avec leur fixité. Nous en avons reconnu de manifestes dans leurs saveurs en
general, comme nous avons dit , & nous en avons aussi reconnu dans les degrez de leurs
saveurs. Car entre les salins quelques-uns ont peu de goust, comme le sel de Roquette ;
d'autres ont le vray goust de sel marin ; d'autres ont quelque acidité, comme le sel d'Af-
clepias. Dans la saveur lixivielle il y a aussi plus & moins. La saveur distingue assez les
sels lixiviels des sels salins ; mais il y a encore d'autres distinctions. 1 Les lixiviels se fondent aisément à l'air , & les salins ne s'y fondent pas. 2 Les lexives d'où l'on tire les sels
salins font, en s'évaporant, des mucilages, ce que les lexives d'où l'on tire les sels lixiviels
ne font pas. 3 Les salins ne precipitent pas la solution de sublimé, & les autres la precipitent en quelques-unes des nuances du jaune, ou plus claire, ou plus brune, tirant vers
le rouge ; au lieu que les sels volatiles, qui ont cela de commun avec les lixiviels d'estre
sulphurez, la precipitent en blanc.

On sçait que quelques Autheurs disent que plus les sels lixiviels donnent de couleur au
sublimé , plus ils sont acres, & que les sels salins se changent en lixiviels estant poussez
au feu, qu'ils en prennent la saveur, & en font les effets. Nous avons remarqué quelques exceptions en tout cela.

1 Quelques sels salins ont legerement precipité en blanc la solution de sublimé ; par
exemple , le sel de Roquette, &c.

2 Le sel d'Alchimille, qui est salin, tenu en fonte durant deux heures, ayant pris une
saveur lixivielle , a precipité le sublimé d'abord legerement coloré , mais incontinent
aprés, la solution est devenuë blanche.

3 Quelques sels, comme celuy de faux persil de Macedoine rectifié, tenus en fonte
durant trois quarts d'heure, & par ce moyen rendus tres-acres, faisoient une precipitation d'une couleur beaucoup moins chargée que les mesmes, avant qu'on les eust mis
en fonte.

4 Quelques sels salins ne font pas devenus lixiviels aprés avoir esté poussez au feu vio-
lemment & long temps : par exemple, les racines de Keiry donnent du sel salin ; ses cendres lexivées & tenuës dans un fourneau de reverbere tout rouge durant quatre heures,
ont encore donné du sel aussi salin comme le premier ; & aprés cette seconde lexive,
ces mesmes cendres ayant esté mises au mesme feu pour la seconde fois autant de
temps, ont encore donné du sel aussi salin qu'aprés la premiere incineration.

Il seroit bon de discuter ces contradictions apparentes ; car s'il se trouvoit que les
nuances de la couleur de la precipitation de sublimé respondissent exactement aux degrez de saveur lixivielle dans toutes les occasions où le goust appercevroit une difference

ference fenfible, on pourroit appliquer ce figne à la diftinction des degrez infenfibles de cette faveur dans ces fels; au lieu que fi cela n'eft pas ainfi, on ne peut rien eftablir fur cet indice.

Il faudroit voir auffi fi l'on ne pourroit pas marquer en quoy confifte cette difference de falin & de lixiviel, & s'il y a quelque milieu entre ces differences extremes de falin & de lixiviel.

Les obfervations fuivantes pourront fervir à expliquer ces difficultez.

1. Les fels falins font fouvent devenus lixiviels par l'operation du feu, mais les fels lixiviels ne font jamais devenus falins. Cela pourroit marquer que ces fels falins tiennent beaucoup du lixiviel, & que le feu diffipe quelque fubftance qui empefchoit le lixiviel de paroiftre. On cherchera cy-aprés ce que ce pourroit eftre.

2. Un fel falin qui laiffoit la folution de fublimé tres-claire, ayant efté tenu en fonte durant cinq heures, a rendu cette folution laiteufe. Il fe pourroit faire que cet effet eft une marque d'un eftat moyen entre le falin & le lixiviel; & cet eftat pourroit eftre lors que ce qui fupprimoit la lixivialité eft prefque diffipé.

3. Nous avons remarqué que le fel marin, qui eft celuy par rapport auquel on appelle ces fels falins, contient manifeftement plufieurs natures de fel, felon les differents degrez de criftallifation. Car le premier criftallifé eft de beaucoup plus fulphuré que le fecond, & le fecond plus fulphuré que le troifiefme, qui fe coagule avec l'huile de Tartre: ce que le premier ne fait pas.

4. Cela nous a donné lieu d'obferver la mefme chofe en plufieurs fels, mefme lixiviels, mais en un fens contraire. Car le premier criftallifé a efté le moins fulphuré; le fecond ne l'a efté gueres davantage; & le troifiefme a efté tout-à-fait fulphuré, en forte que les premiers cryftaux, ny les feconds de fel de grande Abfinthe, n'ont rien fait fur le fublimé; & la derniere concretion, qui ne s'eft faite que par une entiere evaporation de la lexive, a fait un orangé vif avec la folution de fublimé: au lieu que le fel d'Abfinthe entier, c'eft à dire, compofé de tout ce qui eftoit dans la lexive evaporée jufques à une entiere fechereffe, a donné une precipitation jaune d'or.

5. Nous avons mefme reconnu que des fels tres-lixiviels cryftallifez à deux fois, avoient quelque chofe de cela. Ainfi le fel lixiviel de Fenouil a donné d'abord des cryftaux, qui n'ont fait qu'un jaune clair avec la folution de fublimé. Cependant le mefme fel entier, c'eft à dire, compofé de tout ce qui eftoit dans la lexive, pouffé à une entiere evaporation, faifoit un orangé fort brun.

Il paroift par ces trois dernieres obfervations, *1* que les fels les plus falins contiennent du fel fulphuré; *2* Que les fels lixiviels, c'eft à dire fixes-fulphures, contiennent quelque chofe de falin, dont le meflange avec le refte rend la couleur de la precipitation plus claire; *3* Que les fels tres-lixiviels, qui ne donnent rien de purement falin, ne laiffent pas d'avoir peut-eftre quelque falin caché, qui fait que les premiers cryftaux donnent une couleur plus claire que le fel entier.

6. Quelques fels bruts reverberez & fondus, par exemple, celuy du Marrube noir, ont donné en ces trois eftats un orangé prefque efgal, mais plus vif & moins vif, felon qu'ils ont efté plus ou moins purs.

Il paroift affez par tout ce qui vient d'eftre dit, Que tous ces fels font meflez l'un de l'autre; Que ces deux natures de fels font extremes & oppofées à la maniere de l'acide & du fulphuré, & meflées enfemble en diverfes proportions; Que les nuances du jaune dans les precipitations, font des fignes du plus & du moins dans ces proportions pluftoft que dans la faveur ou dans l'alteration; Et que les alterations ne font peut-eftre qu'apparentes, & plutoft de vrayes feparations de fubftances diftinctes. Que fi cela eft, il fe pourroit faire que des fels qui paroiffent inalterables, paroiffent tels, parce qu'ils font ou tout falins, ou tout lixiviels; & qu'au moins s'ils font tous alterables, il faudra croire que les uns le font plus que les autres; ce qu'il feroit bon de connoiftre, pour les confequences que l'on peut tirer non feulement de ces fels à la nature de la Plante; mais

V

encore de toutes les fubftances qui tiennent du fel, c'eft à dire de prefque toutes les fubftances que l'on tire des Plantes.

Comme il feroit bon d'avoir des fignes vifibles & certains des degrez de la faveur lixivielle, nous tafcherons de trouver par les folutions de toutes fortes de vitriols ces fignes
que nous ne trouvons pas par la folution du fublimé.

L'on a pû reconnoiftre dans tout ce qui vient d'eftre dit fur l'examen particulier de
toutes ces fubftances, qu'elles font prefque toutes compofées. Nous avons affez dit que
nous ne pretendons pas les refoudre en des fubftances fimples; mais nous croyons qu'il
eft important d'en connoiftre la compofition, foit par une reveuë fur l'examen particulier de ces fubftances, foit par une efpece d'analyfe, quand on ne peut faire autrement.

Nous prenons pour fimples, à l'égard de cet examen, les eaux diftillées qui paroiffent
infipides dans toutes les efpreuves dont nous avons parlé, fur tout quand elles font rectifiées. A l'efgard de celles qui paroiffent infipides, & qui n'ayant pas efté rectifiées,
fe corrompent; tout ce que nous imaginons pour les mieux connoiftre, feroit d'en examiner les mucilages ou la chanciffûre, & les lies qu'elles pourroient laiffer aprés avoir
efté rectifiées.

Confiderant ces eaux infipides rectifiées comme fimples, on peut mettre en queftion,
fi les liqueurs fpiritueüfes font compofées de ces eaux & d'une portion de fel, comme il
eft tres-probable. Les raifons de douter font; 1 que fi c'eft de l'eau & du fel, il femble
qu'elles doivent eftre plus pefantes que l'eau : or quelques-unes font plus legeres, comme
il a efté dit; 2 que fur tout celles qui ont le plus de faveur, doivent avoir le plus de pefanteur : or il y en a qui ont une tres-forte faveur, & qui font plus legeres que d'autres qui ont moins de faveur; 3 qu'il devroit y avoir moins de fel fixe où les liqueurs
ont plus de faveur: or les Plantes digerées & macerées ont donné autant de fel au moins
que les mefmes Plantes analyfées fans eftre digerées ny macerées, & ont donné des liqueurs d'une faveur plus forte.

Toutes ces raifons paroiffent plaufibles; mais il feroit aifé d'expliquer les faits fur lefquels elles font fondées. Car, 1 il n'eft pas impoffible qu'il y ait des fels plus legers que
l'eau, & peut-eftre mefme que des fels plus pefants pourroient rendre l'eau plus legere;
2 il fe pourroit faire que ces fels qui feroient plus legers que l'eau, ou qui la rendroient
plus legere, auroient une plus forte faveur que d'autres fels; & 3 rien n'empefche,
comme il a efté dit, que le mefme corps en mefme quantité n'imprime plus ou moins
de faveur, felon qu'il eft plus ou moins ouvert.

Deux raifons femblent prouver qu'il y a du fel dans les liqueurs fpiritueüfes. 1 Un
certain poids d'une Plante entiere bruflée à defcouvert, nous a tousjours donné plus
de fel que le charbon d'un mefme poids de la mefme Plante reduite en cendres, aprés
avoir donné des liqueurs fpiritueüfes. 2 Nous avons tiré des liqueurs urineufes une
portion du fel volatile qu'elles contiennent, & il y en a mefme dans lefquelles le fel
volatile s'eft cryftallifé. Il y a donc beaucoup d'apparence qu'il y a du fel dans toutes
les liqueurs fpiritueüfes, & il eft certain qu'il y en a dans quelques-unes.

Si nous reconnoiffions à l'avenir que plufieurs experiences reïterées fur les mefmes
Plantes fe refpondiffent les unes aux autres, en forte que le charbon donnaft à peu prés
efgalement moins de fel que la Plante entiere bruflée à defcouvert ; on pourroit fçavoir
à peu prés combien il y a de fel dans les liqueurs diftillées: mais il y auroit tousjours à difcuter combien il feroit paffé dans les huiles, avant que de fçavoir combien
il en feroit paffé dans les efprits, aprés avoir deduit le poids du fel volatile en corps:
joint à cela que ce calcul ne concluroit rien fur les liqueurs acides.

C'eft pourquoy une perfonne de la Compagnie a propofé la Theorie, dont voicy
l'abregé.

On peut efperer de feparer le fel volatile qui eft dans les efprits urineux. Mais peut-
eftre ne fera-t-il pas poffible d'en tirer tout le fel, fans y employer aucun meflange. Pour
les autres liqueurs fulphurées, il n'y a gueres d'apparence qu'on parvienne jamais à en feparer

parer le fel volatile ; & pour les efprits acides , comme on ne connoift point de fel acide
en corps qui ne foit compofé, & que toutes les liqueurs les plus acides font foupçonnées
de tenir beaucoup d'eau ; quand on en pourroit tirer l'acide en liqueur, on ne fçauroit
pas la quantité de l'acide qu'elles contiennent.

Il faudroit donc s'affeurer fi une certaine quantité de fel volatile ou lixiviel connu,
mortifie une certaine quantité de certain acide connu, fort ou foible.

Si cela eft, on fçaura combien il y avoit d'acide dans un efprit acide, par la quantité
d'un fel volatil ou lixiviel connu, qui aura efté neceffaire pour mortifier cet acide.

Il faudroit pour cela, 1 convenir d'un acide mediocre , foit par fa nature, foit par le
meflange de l'eau. Il faut que cet acide connu foit mediocre, parce qu'il faut qu'il foit
en certaine quantité que l'on puiffe divifer aifément , pour eftablir des comparaifons
que l'on puiffe exprimer par des nombres entiers ; 2 de terminer le degré de l'acide
par fa pefanteur, & la pefanteur par la demerfion de l'Aræometre.

Comme les fulphurez & les acides fe mortifient mutuellement, on peut appliquer
cette penfée aux fulphurez comme aux acides ; & l'on en pourra reconnoiftre la mor-
tification par les indices de l'acide & du fulphuré qui ont efté propofez.

Entre les difficultez que nous prevoyons dans cette Theorie, il y en a une, qui eft
que tous les acides ne fe joignent pas indifferemment à tous les fulphurez ; & nous en
avons un exemple, mefme au fujet dont il s'agit, dans les liqueurs qui donnent tout enfemble des indices d'acide & de fulphuré. Cette difficulté obligera de chercher par l'induction quels acides fe joignent ou ne fe joignent pas à tel ou tel fulphuré, & nous donnera lieu de penetrer dans les convenances & les repugnances de ces deux principes
les uns à l'efgard des autres, & peut-eftre d'en reconnoiftre de nouvelles efpeces. Mais
quel que foit le fuccez de cette recherche , à l'efgard de certaines liqueurs, l'exemple
qui y fert d'occafion donne lieu d'efperer que fi cette Theorie reuffit en quelques-unes,
elle ne ferviroit pas feulement à connoiftre la quantité d'un acide, ou d'un fulphuré
dans une liqueur qui ne contiendroit que de l'un ou de l'autre , mais la quantité de
l'un & de l'autre dans les liqueurs qui tiennent de tous les deux confus dans la mefme
liqueur, mais non unis l'un à l'autre.

Pour les efprits mixtes, c'eft à dire, ceux qui rougiffent la folution de vitriol d'Alle- *De la compofition*
magne, nous en avons reconnu la compofition par l'analyfe actuelle que nous en avons *des efprits mixtes.*
faite tant en les diftillant fur le fel de Tartre, qu'en les rectifiant fans meflange dans des
maffes de verre à une chaleur tres-lente. Car de l'une & de l'autre maniere ils ont donné du fulphuré que l'on a reconnu, en ce que la liqueur blanchiffoit la folution de fublimé. Ils ont auffi donné de l'acide qui en a fait les effets ordinaires, & ny l'un ny l'autre
feparé l'un de l'autre n'a rougi la folution de vitriol.

Nous avons voulu imiter cette nature de liqueur, dont la compofition paroift manifefte en meflant de l'acide & du fulphuré en differentes proportions. Mais ces meflanges
ont tousjours fait l'effet d'acide ou de fulphuré felon que l'un ou l'autre a dominé, & jamais celuy de rougir le vitriol, quoy que le gouft & la veuë s'accordent à monftrer que
l'acide domine extremement dans ces liqueurs mixtes.

Cela nous a fait foupçonner ou que l'acide & le fulphuré font meflez dans ces liqueurs, non feulement en une proportion, mais d'une maniere particuliere ; ou qu'il intervient dans ce meflange quelque fubftance tierce, qui peut-eftre la caufe principale de
cet effet, & l'acerbité de quelques-unes de ces liqueurs nous a fait foupçonner que ce
pourroit eftre quelque fubftance terreftre. Nous avons donc meflé tres-peu de decoction d'Acacia, de Noix de galles, d'efcorce de Grenade, dans les liqueurs purement
acides ; & ayant verfé de ces liqueurs fur la folution de vitriol, le meflange eft venu à
un violet rougeaftre : ce qui a quelque rapport à la couleur que les liqueurs mixtes donnent à la folution de vitriol.

Nous continuërons à verifier cette conjecture ; & fi elle fe trouve confirmée , il
femble que l'on aura lieu de foupçonner qu'il y a dans toutes ces liqueurs, quelque
acerbité que le gouft ne reconnoift que dans celles où elle eft manifefte.

X

Nous avons reconnu que quelques-unes de ces liqueurs, c'eſt à dire, celles que nous avons tirées des grains & de quelques bois , ont donné à cette ſolution une couleur plus enfoncée , & qu'elles contenoient une portion notable d'huile noire. Nous en avons ſeparé une partie de quelques-unes, en y meſlant de l'eau commune , & il en eſt reſté de toutes une quantité conſiderable au fond du vaiſſeau où on les a rectifiées, en ſorte que de vingt-un onces de ces liqueurs tirées du froment, il eſt reſté trois onces quatre gros d'huile. Cela fait entrevoir qu'il pourroit bien y avoir de l'huile dans toutes ces liqueurs en quelque quantité. Et en effet, on en a ſeparé par la rectification de quelques-unes de ces liqueurs, qui n'avoient aucune couleur. Il ſemble qu'il y auroit quelque lieu de ſoupçonner que cette portion huileuſe intervient dans l'effet dont il s'a-git. Mais il eſt certain que ce n'eſt point cette ſeule portion huileuſe qui rend les liqueurs acides capables de rougir le vitriol , puis qu'il y a telle liqueur acide qui contient de l'huile, & qui ne fait que rougir la teinture de Torneſol.

3.
De la compoſition des lies qui reſtent après que l'on a ſe-paré par la diſtilla-tion les liqueurs re-ceuës tout de ſuite dans le meſme reci-pient.

Nous avons dit dans le rapport de l'analyſe que nous avons faite ſans changer de recipient, que les Plantes ainſi analyſées ne donnent gueres d'acide, apparemment parce que leur acide eſtant confus dans le recipient avec le ſulphuré, y eſtoit comme abſorbé : ce que nous avons trouvé veritable par la decompoſition des lies qui reſtent après la ſe-paration de ces liqueurs ainſi meſlées. Car ces lies eſtant eſpaiſſes & d'un gouſt ſalin, nous avons reconnu que les meſlant avec du ſel de Tartre & de l'eau, elles ne donnent que du ſulphuré; & que les delayant avec de l'eau commune, & les diſtillant à feu lent & gradué, elles ont donné de ſuite du ſulphuré & de l'acide.

4.
De la compoſition des huiles noires.

Nous n'avons pas encore aſſez travaillé ſur les huiles noires, pour donner icy le deſtail de leur compoſition, & pour eſtablir ſi elles ſont en elles-meſmes de la nature des huiles eſſentielles. Tout ce que nous en pouvons dire icy eſt , que les lavant exactement avec de l'eau commune, nous en avons detaché une portion de ſel volatile, qui a ren-du cette eau ſulphurée, ainſi qu'il a paru par les eſpreuves que nous en avons faites ; & qu'ayant rectifié en la maniere qui a eſté dite vingt-quatre fois une certaine quantité de l'huile de diverſes Plantes ; l'eau qui en a eſté ſeparée a touſjours blanchy la ſolution de ſublimé; que les dernieres eaux l'ont moins blanchie que les premieres; que l'odeur de ces huiles tant de fois rectifiées eſt devenuë moins deſagreable ; qu'elles ſont deve-nuës plus legeres, en ſorte qu'elles nagent ſur l'eau; & qu'elles ont laiſſé à chaque recti-fication une quantité conſiderable de charbon tres-ſpongieux, tres-leger, & parfaitement inſipide.

5.
De la compoſition des eſprits urineux.

Quoy que nous n'ayons aucun ſujet de douter de la compoſition des eſprits urineux, nous ne laiſſerons pas de tenter leur reſolution en ſel volatile & en eau.

6.
De la compoſition du charbon.

L'embraſement du charbon, & la difference ſi notable qui ſe trouve entre ſon poids & celuy des cendres, monſtre aſſez qu'il eſt compoſé de quelque matiere combuſtible jointe avec le ſel & la terre. Or nous penſons avoir quelque ſujet de croire que cette ma-tiere combuſtible eſt de la nature du vray ſouphre. Car ayant ſtratifié du charbon de Plante avec quatre fois autant ou de ſel compoſé d'égales parties de ſel marin & d'huile de vitriol, ou de ſel de ſoude noire dans un creuſet couvert; & ayant donné à ce meſ-lange le feu de fuſion, cette matiere deſcouverte de temps a jetté une flamme & une odeur de ſouphre. Ce meſlange fondu retiré du feu, durcy, pilé, lexivé : la lexive a noirci l'argent comme le ſouphre. Cette lexive meſlée avec du vinaigre a donné une vapeur de ſouphre. Le vinaigre ayant precipité une poudre que l'on a ſeparée de la li-queur par le filtre ; & cette poudre ayant eſté ſeparée des ſels par la lotion, ayant eſté ſechée & miſe dans le feu, s'eſt allumée comme du ſouphre. Or comme il ne paroiſt pas qu'il y ait de ſouphre dans l'huile de vitriol, ou dans le ſel marin, ny dans le ſel de ſoude noire, & que d'ailleurs le charbon s'embraſe & s'enflamme fort aiſément, il ſemble qu'il y a beaucoup plus d'apparence que ce ſouphre vient du charbon que de ces ſels ; & comme le ſel de ſoude noire ne contient rien d'acide, au moins qui paroiſſe, & qui puiſſe contribuer à compoſer ce ſouphre, il y a lieu de conjecturer qu'il vient entierement du charbon des Plantes.

Le

Le foupçon où nous fommes que les fels falins foient compofez d'acide & de fulphuré *De la compofition* à la maniere de la crefme de Tartre, nous a fait refoudre à en tenir prefte une quantité *des fels fixes.* confiderable, pour voir fi nous en pourrons tirer quelque acide à grand feu par la diftil-lation laterale.

C'eft à peu prés ce que nous avions à dire fur la quantité, les qualitez fenfibles, & la compofition de chaque fubftance extraite des Plantes, & fur l'analyfe generale.

Outre cette analyfe, nous ne laifferons pas de tenter quelques travaux particuliers, *XXIII.* les uns pour l'extraction de quelques fubftances particulieres, les autres pour la refolu- *Exercices particu-* tion du tout. On peut donner pour un exemple des premiers celuy que nous avons *liers.* tenté fur le Jaffemin, pour en tirer une eau odorante, en le mettant à diftiller fans feu dans un alambic, dont on a comblé la chappe de glace concaffée: on tira par ce moyen de quatorze onces de Jaffemin d'Efpagne, deux dragmes d'eau tres-claire, odorante comme le Jaffemin mefme, qui parut fulphurée à l'effay que l'on en fit avec la folution de fublimé.

Pour les autres travaux particuliers, on les peut en quelque façon confiderer comme des efpeces d'analyfes. Nous croyons pouvoir mettre en ce rang les exercices fur les fucs & fur les teintures.

Ces exercices nous ont paru de quelque importance, parce qu'il y a beaucoup d'ap-parence que nous tirons des Plantes dans l'ufage que nous en faifons au dedans, en fanté, ou en maladie, beaucoup plus des fubftances liquides, ou facilement diffolubles, que des folides, ou de celles qui y font fort engagées. Nous avons donc un grand intereft de fçavoir quelles font ces fubftances, & de les connoiftre le plus intimement qu'il fera poffible.

Nous croyons devoir examiner les fucs par l'analyfe generale, quand ce ne feroit que *1.* pour fçavoir ce qu'on en peut tirer par ce moyen, & par là connoiftre la difference de *Sur les Sucs.* l'analyfe d'une Plante entiere & de fon fuc, & quelles Plantes donnent plus ou moins de fubftances par l'analyfe de leur fuc.

Nous avons examiné beaucoup de fucs extraits fans meflanges, & legerement puri-fiez par la feule refidence; & les ayant examinez fur plufieurs folutions, nous nous fommes reduits à celles dont nous avons desja parlé. Nous les avons auffi examinées fur les liqueurs animales, comme le fang, la lymphe, le lait, la bile, &c.

Quoy que nous ayons fait un affez grand nombre de ces experiences, nous ne croyons pas en avoir encore affez, ny les avoir autant reiterées qu'il faudroit pour rien eftablir, ny pour rejetter entierement cette recherche. Ce que nous pouvons dire en general à l'efgard des folutions minerales eft, *1* que prefque tous les fucs ont precipité, & que quelques-uns ont caillé la folution de Saturne, & fur tout les acides de Citron, de Gro-feille, de Grenade, d'Efpine vinette, & en general tous les fucs acides que nous avons parcouru.

2 Que quelques-uns ont rougi le Tornefol, & entre autres le fuc de Tanaifie.

3 Que d'autres ne l'ont pas rougi, comme le fuc de Coucombre fauvage, de Verru-caire, &c.

4 Que quelques-uns ont verdi la folution de vitriol d'Allemagne, qui n'ont rien fait fur le vitriol de Mars, & d'autres au contraire.

5 Que d'autres n'ont verdi ny l'une, ny l'autre.

6 Que tant des uns que des autres, les uns ont precipité cette folution, les autres ne l'ont pas fait.

7 Que prefque tous ont fait tres-peu fur la folution de fublimé.

Les mefmes experiences ont efté faites avec les fucs efpaiffis en confiftence d'extrait liquide. Mais toutes ces experiences ne font pas encore en eftat que nous les puiffions confiderer autrement que comme une ébauche commencée.

Nous effayerons de pouffer la digeftion des fucs où elle pourra aller, dans des vafes tres-exactement bouchez, à une chaleur tres-lente; & nous tafcherons de reconnoiftre par là ce que peut la digeftion, foit pour purifier les fucs, foit pour les reduire tous au

Y

rouge, comme le difent quelques Autheurs; ou pour reduire quelques-uns de ces fucs au verd d'emeraude, comme le difent d'autres Autheurs; foit pour en alterer ou deftruire les faveurs, foit pour en produire de nouvelles.

Nous tafcherons de diftinguer par ces recherches les fucs qui donnent du fel effentiel de ceux qui n'en donnent pas, de reconnoiftre les efpeces de fels effentiels, & verifier s'il y en a de fulminants, &c.

Nous examinerons ces fels effentiels par l'analyfe Chymique, foit par la voye du feu, foit par la voye des diffolvents; & nous analyferons le refte du fuc, aprés en avoir ofté ces fels, pour le comparer au mefme fuc, avec tout ces fels examinez par la mefme voye.

2.
Sur les Teintures.

Pour ce qui eft des Teintures que nous tirerons, foit par decoction, foit par digeftion, foit par fimple infufion des fubftances feches, & pulverifées exactement, nous tafcherons d'y employer des diffolvents de differentes natures, & tous fans couleur, comme l'efprit de vin, l'eau, les efprits acides, les efprits mixtes, pour en tirer les fubftances refineufes, falines, fulphurées & mixtes, & reconnoiftre la nature & la quantité de ces fubftances.

On apperçoit affez dans la feule propofition en combien de manieres nous ferons ces experiences, & quels ufages incidents nous en pourront tirer: par exemple, de fçavoir fi tout changement de couleur dans le diffolvent eft une marque qu'il ait tiré quelque chofe; fi une plus forte couleur eft la marque d'une plus forte extraction, &c.

3.
Sur le Marc qui refte aprés l'expreffion des fucs, & l'extraction des Teintures.

Nous finirons les recherches fur les Sucs & les Teintures par l'analyfe du Marc. Peut-eftre cette analyfe nous fervira-t-elle de quelque chofe, pour mieux connoiftre les fubftances qui viennent par l'analyfe generale, & celles qui font renfermées dans les fucs.

XXIV.
Des analyfes extremes des fubftances extraites par l'analyfe.

Nous croyons nous devoir borner à ces recherches, tant par l'analyfe generale, que par les analyfes particulieres, en tout ce qui regarde la connoiffance des Plantes en particulier. Mais nous ne laifferons pas, à l'occafion de ces recherches, de tenter les analyfes extremes, tant vantées par quelques Autheurs, comme celle de l'huile en eau, fel & terre, & du fel en eau, parce que les Plantes femblent fournir une matiere plus favorable à ces recherches, que tous les autres eftres. Nous fommes pourtant fort efloignez de nous y promettre un grand fuccez. Nous reconnoiffons d'ailleurs que ces travaux demandent beaucoup de temps & d'exactitude, fi l'on veut fe mettre en eftat d'y reüffir en quelque forte, ou d'en defabufer le public, & que cette recherche ne regarde la connoiffance des Plantes que fort generalement. Nous ne nous prefferons donc ny de commencer ce travail, ny de l'achever.

XXV.
Des confequences que l'on pourra tirer de toutes ces recherches.

Il faut maintenant donner quelque idée des confequences que l'on peut entrevoir dans toutes ces recherches pour la connoiffance des Plantes.

Nous defirerions prevoir les effets des Plantes fur nous par la connoiffance de chaque Plante en elle-mefme, & par rapport à nous, & nous fouhaiterions donner au public quelque ouverture, pour parvenir à cette connoiffance des Plantes en elles-mefmes; *1* en decompofant les Plantes; *2* tirant de cette decompofition les differences des Plantes entre elles, & les differences de chaque Plante d'avec elle-mefme, felon les differences des âges, des parties, des faifons. Nous ne fçavons pas encore jufques où l'on pourra porter les confequences, qui femblent pouvoir eftre tirées de ces connoiffances; mais il paroift que les lieux d'où l'on pourra tirer ces confequences, fuivant ce qui a efté dit dans ce Chapitre, font à peu prés

1 Que quelques-unes donnent de certaines fubftances que d'autres ne donnent pas.

2 Que celles qui donnent les mefmes fubftances les donnent en differente quantité.

3 Que celles qui les donnent en mefme quantité, les donnent differemment conditionnées, ou en pefanteur, ou en qualitez fenfibles, & ces qualitez differentes ou en degrez, ou en efpeces. Que ces fubftances fe rencontrent auffi differentes, en ce que les unes font plus compofées, les autres moins, & que les unes s'alterent plus par le temps, & les autres moins.

4 Qu'elles

4 Qu'elles donnent la mefme fubftance, les unes pluftoft, les autres plus tard, à plus ou moins de feu.

5 Que quelques Plantes font plus alterables au feu, & les autres moins alterables.

6 Que les unes font plus alterables à la maceration, & les autres moins.

Ces fix chefs, & les feuls degrez fenfibles du plus & du moins, & les combinaifons de tout cela, peuvent donner une fi grande multitude de differences, qu'il y a bien plus à douter fi l'on fuffira à comprendre enfemble toutes les circonftances de l'analyfe de cha-que Plante, qu'à douter fi elles fuffiroient pour eftablir des differences, en cas que nous les trouvions uniformes jufques à un certain point dans les experiences que nous conti-nuërons à reïterer.

Outre cette difficulté, il y en a une autre, qui eft de tirer de toutes ces circonftances une idée de la nature de chaque Plante ; car il faut tirer cette idée felon quelques fy-ftemes. Or nous ne voyons pas affez clairement lequel eft le plus plaufible entre ceux qui peuvent aller à quelque ufage, pour ofer nous declarer ou pour celuy des faveurs confiderées populairement, le doux, l'amer, l'acre, &c. ou pour celuy des temperamens, ou pour celuy de l'acide & du fulphuré.

Nous nous contenterons donc de donner aux Phyficiens & aux Medecins des occa-fions de mediter chacun felon fon opinion. Ceux qui fuivent le fyfteme des faveurs, & ceux qui fuivant le fyfteme des quatre qualitez, reconnoiffent les faveurs pour fignes du temperament, pourront tirer quelque avantage de toutes les recherches qui regardent les faveurs ; & ceux qui fuivent le fyfteme de l'acide & du fulphuré, pourront trouver quelque chofe dans nos recherches fur ces deux natures extremes.

Et premierement pour ce qui regarde les faveurs, on pourra connoiftre par les di-geftions fur les fucs quelque chofe de la generation des faveurs & de leur tranfmuta-tion. Par l'un & par l'autre, & par le meflange des fucs d'une faveur extreme, avec les folutions & les teintures, ou avec les liqueurs que l'on trouve dans les animaux, & dont nous parlerons cy-deffous, on pourra connoiftre quelque chofe de leur nature, & y efta-blir mefme des differences. Par les liqueurs diftillées, on pourra connoiftre la compofi-tion des faveurs. Par exemple, de ce que quelques Plantes acres, comme le Ranuncule, ont donné des liqueurs acres, eftant analyfées crües, & n'en donnent plus eftant analy-fées aprés avoir efté macerées ou digerées, on peut foupçonner que l'acreté eft une fa-veur compofée d'un acide dominant, & d'un certain fulphuré, que la maceration dé-gage l'un de l'autre. Cette conjecture femble s'accorder avec ce que nous avons re-marqué dans l'extraction des efprits acres. Car 1 ces efprits ont tous fait rougir forte-ment le Tornefol, & troublé la folution de fel de Saturne ; or ce n'eft pas par ce qu'ils peuvent contenir de fulphuré qu'ils ont rougi le Tornefol, & c'eft au contraire par ce qu'ils contiennent d'acide ; 2 ils l'ont fait rougir de moins en moins dans le progrez de la diftillation, ce qui marque que l'acidité diminuoit ; & en mefme temps la li-queur acre eft venuë moins acre, peut-eftre parce que l'acidité diminuoit ; & il y a quelque apparence qu'elle s'affoibliffoit par le meflange de fon contraire, c'eft à dire du fulphuré, ce qui eft confirmé, en ce qu'incontinent aprés la liqueur venoit moins acre, & rougiffant encore moins le Tornefol a commencé à faire quelque effet fur le fublimé, & ainfi de plus en plus. Si ce foupçon fe trouvoit confirmé par d'autres expe-riences, il feroit affez aifé de dire pourquoy la plufpart des Plantes acres ne donnent aucune liqueur acre. Par l'extraction des fels & des liqueurs on pourra connoiftre, par exemple, fi le fel eft caufe des faveurs ; car fi cela eftoit, les Plantes qui ont plus de fa-veur donneroient ou plus de fel fixe ou leurs liqueurs plus actives. Cependant tout le contraire eft fouvent arrivé : car entre les Plantes ameres les feuïlles de grande Ab-finthe n'ont donné qu'environ ⅟ de fel fixe, & les feuïlles & tiges de Coucombre fauvage n'en ont donné qu'⅟. Entre les Plantes acres, le poivre d'eau n'a donné de fel fixe qu'environ ⅟ & les feuïlles & tiges de grande Serpentaire n'en ont donné qu'envi-ron ⅟. Au contraire entre les Plantes qui font comme infipides, la Morgeline, les fleurs de Nenuphar, l'Argentine, la Sanicle ont donné plus de fel, & la Morgeline a donné

Z

fes liqueurs plus actives que la grande Serpentaire. Mais ce font des experiences à reï-terer.

On pourra connoiftre par ces analyfes, les Plantes où l'acide domine, & celles où domine le fulphuré. Les Phyficiens qui fuivent le fyfteme des quatre qualitez & des faveurs, auront quelque lieu de juger froides celles où l'acide domine , & chaudes celles où domine le fulphuré. Ils remarqueront par ces mefmes analyfes que plufieurs Plantes chaudes ont donné beaucoup d'acide, & plufieurs Plantes froides ont donné beaucoup de ful-phuré : Mais ces analyfes leur donneront lieu d'expliquer cette difficulté, en difant que l'a-cide des Plantes chaudes, & le fel volatile ou fixe des Plantes froides, n'eft degagé dans les analyfes qu'à un degré de feu de beaucoup fuperieur à la chaleur naturelle; & qu'au contraire l'huile effentielle & toute la portion aromatique des Plantes chaudes, & le phlegmatique des Plantes froides fe degage fort aifément à un degré de chaleur affez femblable à la noftre.

Ces mefmes differences de Plantes acides & fulphurées feront confiderées , & les difficultez expliquées par ceux qui fuivent le fyfteme de ces deux faveurs ou fubftances , felon les principes de la fermentation naturelle, ou contre nature, & felon ce que ces Plantes font capables d'y contribuer.

Le fyfteme du fulphuré & de l'acide femble n'avoir befoin que d'eftre plus particula-rifé : car il eft ordinaire en general que ces deux extremes fe rompent l'un l'autre, qu'ils fe temperent, qu'ils fe fuppriment mutuellement. Il eft tres-probable qu'ils font principes de fermentation ; que l'acide eft principe de coagulation dans les humeurs ; que le ful-phuré eft un principe de fufion. Tout cela eft vray en general. Mais cependant tout ful-phuré ne fe joint pas à tout acide ; chaque humeur, chaque partie a fon acide & fon ful-phuré particulier ; & l'on verra cy-deffous qu'il y a des fulphurez qui coagulent, & des acides qui empefchent les humeurs de fe coaguler. Cela fuffit encore pour parler & pour expliquer en general comment il arrive qu'un tel remede fulphuré n'a pas temperé tel acide. Mais cela ne fuffit pas pour eftablir quel eft cet acide, & quel doit eftre le fulphuré qui le pourra temperer. Cependant il n'y a que cela d'utile à fçavoir, & c'eft à quoy nous defirerions fort que nos recherches peuffent un jour contribuer, parce que nous fommes perfuadez qu'il eft de noftre devoir, non feulement de donner aux Sça-vans des ouvertures pour raifonner & pour difcourir, mais encore de donner aux Me-decins, autant qu'il nous fera poffible , des occafions d'adjoufter de nouveaux Theo-remes à leur Art. Or nous ne defefperons pas que le travail que nous avons entrepris ne fe termine à eftablir des differences de nature dans l'acide & dans le fulphuré , dont on a pû voir quelques commencemens dans les difcuffions de ces deux genres de fa-veur.

Si le plus grand nombre de ceux qui fuivent quelqu'un de ces fyftemes n'eft pas ca-pable de tirer de la connoiffance des fubftances extraites, des confequences fur la conftitution des Plantes & fur leurs vertus : au moins pourra-t-il former des conjectures fur la vertu de chacune de ces fubftances, foit comme empreinte de quelque faveur, foit comme impregnée d'acidité ou de fulphureité, ou de tous les deux enfemble. Ainfi on pourra penfer que les liqueurs acides font rafraifchiffantes ; que les fulphurées font ca-pables d'efchauffer & de fubtilifer ; que les liqueurs mixtes font propres à diffoudre ; que les fels lixiviels, fur tout les derniers cryftallifez, feront plus propres que les fels falins à preparer & à purger par le bas ventre les humeurs groffieres ; que les fels falins fe-ront les plus propres à paffer par les urines ; qu'entre les fels lixiviels, les premiers cry-ftallifez eftant d'une nature moyenne, participeront de l'une & de l'autre vertu , &c. L'on pourra joindre à cela quelque chofe de la nature de la Plante & de fes effets connus, comme d'eftre ftomachale, de pouffer les fueurs, &c. & fe reglant fur cela dans le choix de ces fubftances, preferer, par exemple, le fel volatile, ou l'efprit fulphuré d'une Plante fameufe pour exciter les fueurs, au fel volatile d'une autre Plante, &c.

Nous pourrons appuyer de quelques experiences les conjectures que l'on pourroit former fur tout cela. Par exemple, fuppofé que la plufpart des eftres foient compofez d'acide & de fulphuré, comme de leurs principes actifs, en forte qu'il n'y ait prefque rien de fulphuré qui n'ait quelque peu d'acide, rien d'acide qui n'ait quelque peu de fulphuré, il fera vray de dire que rien ne fera plus propre à diffoudre que les liqueurs mixtes ; & c'eft fur ce fyfteme que l'on fonde ces grandes efperances fur les pretendus diffolvents univerfels. Tout cela n'eft qu'une conjecture, dans laquelle nous ne nous engageons en aucune maniere : mais nous pouvons dire, à l'occafion de cette conjecture, qu'il nous a paru que de certaines liqueurs mixtes, par exemple celle que l'on tire du bled, font tres-propres à tirer des teintures, mefme de quelques pierres precieufes, & qu'elles paroiffent plus capables de produire cét effet à proportion qu'elles rougiffent davantage la folution du vitriol. Nous avons deffein de pouffer plus loin ces experiences, qui nous paroiffent tres-importantes. Mais en attendant le fuccés qu'elles pourront avoir, la conjecture que nous propofons, & les experiences que nous avons rapportées, pourront donner occafion aux Medecins d'en faire d'autres de ces liqueurs fur les humeurs efpaiffes & meflées de fulphuré & d'acide, & fur les maladies que l'on attribuë à cette caufe ; appliquer ces liqueurs à la preparation de cette humeur, & trouver mefme dans les experiences que l'ufage ordinaire fournit, des raifons qui rendront cette conjecture plaufible.

C'eft à peu prés ce que nous avions à dire fur la recherche des effets des Plantes par les caufes prochaines de ces effets connuës dans les Plantes examinées en elles-mefmes. Il refte à dire quelque chofe de la recherche de ces caufes par les effets des Plantes.

§. 2.

Des moyens de connoiftre la nature des Plantes par leurs effets.

Nous avons affez expliqué en quoy confifte cette feconde methode de rechercher les vertus des Plantes, pour ne pas craindre qu'on la confonde avec la premiere. La premiere methode de raifonner fe reduit à dire, telle eft la conftitution de cette Plante, donc elle doit avoir un tel effet ; & la feconde fe reduit à dire, telle Plante a un tel effet fur nous, donc elle doit eftre conftituée d'une telle maniere ; & fi elle eft conftituée de cette maniere, elle doit produire tels autres effets. Nous avions deffein de donner au moins quelque plan de cette feconde methode, parce que comme elle peut eftre de quelque ufage en elle-mefme, elle paroift neceffaire pour l'accompliffement de la premiere methode, eftant comme impoffible de fçavoir par raifon qu'on doit attendre un tel effet d'une telle conftitution de Plante fur un tel fujet, à moins qu'on ne connoiffe en quoy confifte cét effet.

Mais *1* il eft tres-difficile de juger en quoy confiftent ces effets, parce que ce jugement dépend d'une connoiffance precife du fujet, c'eft à dire du corps de l'homme, d'une induction parfaite des caufes poffibles de cét effet, du choix de la veritable caufe, & de l'exclufion de toutes les autres ; outre qu'il arrive fouvent qu'un effet procede de deux ou trois caufes jointes enfemble, ce qui augmente de beaucoup la difficulté. *2* Cette difcuffion regarde plus particulierement la Medecine que la Phyfique. Nous nous difpenferons donc d'autant plus volontiers de ce travail, que tafchant de donner par nos experiences toutes les ouvertures qui dependent de nous, chacun pourra tirer de fes propres opinions fur la nature des effets, & de fes experiences jointes aux noftres, dequoy deviner raifonnablement à fa maniere, quelle doit eftre la nature de la Plante qui produit un tel effet, & quels autres effets doivent s'enfuivre de fa conftitution.

I.
Pourquoy la Compagnie ne fe charge point de cette recherche.

Nous nous contenterons donc de donner icy quelques ouvertures, pour adjoufter quelque chofe à cette methode, & le plan de quelques experiences, pour en aider le fuccez. On ne peut rien dire de dogmatique fur les effets, fans les rapporter tous à de certains genres. Il faut prendre extrémement garde, en eftabliffant la nature de ces effets, à ne prendre pas pour clairs premiers & fimples des effets dont on n'a qu'une idée confufe,

II.
Qu'elle y peut contribuër quelques avis.

A a

qui font compofez, & qui dependent de plufieurs caufes. Ce qui eft fi ordinaire, qu'à peine oferoit-on s'expliquer là-deffus, & qu'il eft, par exemple, tres-poffible qu'épaiffir & fubtilifer foient des effets beaucoup plus fimples qu'échaufer & rafraifchir.

Si l'on fe peut fi aifément tromper dans des effets fi fimples & fi clairs en apparence, il eft bien plus aifé de fe méprendre dans les effets plus cachez, qui dependent de plufieurs caufes toutes incertaines, dont quelques-unes peut-eftre font inconnuës, & inconnuës à tel point, qu'on ne s'en doute nullement. Il faut donc prendre garde à ne pas faire ce que Diofcoride, qui eft fi refervé à conjecturer, & Galien, qui eft fi exact en tant de rencontres, ont fait dans l'explication du pouvoir qu'a le Pavot d'affoupir; car l'un & l'autre ayant penfé que le fommeil eftoit un effet du froid, ils ont dit que le Pavot eftoit une Plante froide, encore qu'il foit certain que le fommeil vient de beaucoup d'autres caufes que du froid; qu'il foit poffible que toutes ces caufes ne foient pas connuës; que cette vertu d'endormir depende de quelqu'une de ces caufes, dont on fe doute peut-eftre le moins; & qu'il foit au moins probable que cette vertu ne vient peut-eftre d'aucune caufe moins que de celle qu'ils alleguent feule & avec fi peu de referve & de doute.

Il faudroit donc mediter fur tous les effets que l'on connoift; & pour donner lieu de mediter utilement, nous defirerions qu'il y euft des perfonnes intelligentes qui s'appliquaffent à ouvrir des corps morts de certaines maladies, comme de Letargie, pour examiner, par exemple, fi dans le plus grand nombre de ceux qui en meurent on trouve le fang figé dans le cerveau. On pourroit examiner auffi ces maladies que l'on attribuë à la Ratte & à la Matrice, pour voir fi l'on a fujet de croire que ces parties y contribuënt, & quelles autres parties en pourroient eftre le fiege, fi c'eft un vice du fang, ou de quelque autre humeur. A l'occafion de quoy, aprés avoir bien examiné par l'analyfe le fang, la lymphe, & les autres humeurs des perfonnes faines, mortes de mort violente, on pourroit examiner par la mefme voye les mefmes humeurs des Scorbutiques, de ceux qui font morts de Colera morbus, & ainfi du refte; non que l'on doive s'affeurer de trouver par ces moyens en quoy confiftent ces maladies, & d'où dépend leur guerifon; mais parce qu'on ne doit pas defefperer d'y découvrir quelque chofe, & que l'on auroit fujet de fe reprocher de ne l'avoir pas effayé.

Les Anatomiftes & les Chymiftes de la Compagnie tafcheront de mefnager quelque temps pour ce travail; mais l'eftenduë de celuy dont ils font desja chargez, nous empefche de le promettre, & nous feroit fouhaiter qu'il y euft des gens habiles & curieux eftablis pour cela feul.

III.
Et quelques experiences.

Pour nous, tout ce que nous pouvons promettre, qui ait quelque rapport à cette methode de connoiftre eft, 1 d'examiner fur les brutes de differentes efpeces, ouvertes aprés leur mort, l'effet de quelques Plantes, & fur tout des poifons; voir s'il refte quelque impreffion fenfible, foit fur leurs parties, foit dans leurs humeurs; effayer les remedes, en imaginer de nouveaux, les éprouver.

Quoy-que nous ayons fait un affez grand nombre d'experiences, nous ne pouvons pas dire qu'elles foient fort avancées, parce que nous ne croyons pas en avoir fait affez, ny les avoir affez reperées : neantmoins ce difcours n'eftant qu'un projet, nous ne croyons rien hazarder en difant,

1. Que quelques fucs eftant meflez parties égales avec le fang, ou venal, ou arteriel, il s'eft caillé plus ferme;

2. Que d'autres fucs l'ont empefché de fe cailler. Ce n'eft pas le meflange du fuc, confideré comme liquide, qui empefche le fang de fe cailler, puis que l'eau, qui eft encore plus liquide, n'empefche pas qu'il ne fe caille, & que d'autres fucs font qu'il fe caille plus ferme.

3. Quoy-que le fang de l'artere fe caille naturellement plus fort que celuy de la veine, il fe caille moins, ou point du tout, avec quelques fucs; & cela arrive indifferemment par les fucs des Plantes venimeufes, comme le Napel, le Solanum lethale, &c. ou des Plantes medicamenteufes, comme de l'Ellebore noir; ou des Plantes falutaires, comme
de

de l'Abfinthe, de l'Angelique, de l'Imperatoire; ou des Plantes chaudes & aromatiques, comme de celles-cy; ou des Plantes froides, comme de la Perficaire; ou des Plantes qui ont peu de faveur, comme celle qui vient d'eftre nommée; ou de celles qui ont une forte faveur, comme de quelques-unes qui viennent d'eftre nommées, & de la Serpentaire.

4. Le mefme fuc qui caille le fang venal, a fouvent empefché le fang alteriel de fe cailler, &c.

Il femble que ces experiences & celles des fels qui ont efté rapportées, confirment la difference qu'il y a entre le fang venal & l'arteriel, encore qu'elles ne marquent pas en quoy confifte cette difference.

f. Prefque tous les fucs que nous avons efprouvez ont alteré la couleur du fang. Il n'y a eu que quelques fucs, comme ceux de Sauge & de Scorzonere, de Bugle, de Menthe & d'Ache qui ne l'ayent pas alterée: cependant on fçait la difference qu'il y a entre toutes ces Plantes.

6. Les fucs qui l'ont alterée l'ont alterée diverfement, & entre autres quelques-uns l'ont changée en livide bleüaftre, comme le fuc de Napel & celuy d'Armoife.

Ces differents effets eftant produits chacun par des Plantes de vertus tres-oppofées, il ne femble pas qu'il y ait jufques à prefent de grandes confequences à en tirer. Toutefois fi nous trouvions quelque rapport de ces effets à des proprietez connuës, foit en confirmant leurs effets par des experiences reïterées, foit en les modifiant, il femble qu'il faudroit avoir plus d'attention à ce qui arrive dans le fang venal, qu'à ce qui arrive au fang arteriel, parce que le chyle fe mefle d'abord au fang venal.

Il y a eu des fucs qui ne font pas acides, qui ont caillé le fiel de Bœuf, peut-eftre par quelque acidité occulte.

L'efprit de vin que l'on foupçonne de tenir du fulphuré, a fait coaguler le fang, la lymphe, le fiel, le blanc d'œuf, &c. ce qui ne convient gueres qu'aux acides.

D'autre part quelques acides, comme l'efprit de fouphre, le vinaigre diftillé, l'efprit de miel ont fait que le fang s'eft caillé moins ferme.

Tous les autres acides & fulphurez que nous avons efprouvé, ont fait le contraire, & mefme tous les fels lixiviels ont rendu le fang plus coulant.

On pourroit en quelque forte expliquer l'effet de l'efprit de vin fur ces liqueurs tirées des animaux, en difant qu'elles font toutes gluantes, & qu'elles tiennent de je ne fçay quoy de gommeux, auquel l'efprit de vin ne fe pouvant joindre, & fe joignant à l'eau qui tenoit cette portion gommeufe en diffolution, fait que cette portion n'ayant plus rien qui la tienne liquide, fe prend en grumeaux.

Nous tafcherons à l'avenir de verifier ainfi les propofitions generales, & d'expliquer les exceptions.

C'eft à peu prés à quoy fe reduifent les recherches que nous croyons devoir faire fur les vertus des Plantes par la voye du raifonnement. On void affez par l'expofition que nous avons faite de noftre conduite, ce que nous avons entendu par ce mot, & que nous le reduifons à tafcher de connoiftre *1* les vertus des Plantes par la connoiffance de leur nature, foit en elle-mefme, foit en quelques effets, dont l'idée precife nous donne lieu de la connoiftre, & confequemment les autres effets qu'elles peuvent avoir; *2* de tafcher de connoiftre la nature de chaque Plante en elle-mefme par les fubftances qu'elle donne, & chacune de ces fubftances felon fa nature, fa quantité, fes qualitez, par quelques effets fenfibles, ou fur nous, ou fur des matieres connuës. Nous croyons avoir fait entendre ce que nous repetons icy, qu'encore que nous defiraffions pouvoir eftablir quelque fyfteme, ou tenir la meilleure voye pour y parvenir; nous ne trouvons en aucun des fyftemes qui ont quelque reputation ny dequoy le fuivre, ny dequoy le rejetter abfolument; que nous ne trouvons pas dans toutes nos recherches affez d'antecedents pour eftablir aucun nouveau fyfteme; qu'encore que le chemin que nous tenons nous ait jufques à prefent paru le meilleur pour aller à quelque chofe d'utile, nous cherchons tous les jours dans nos experiences, & dans les avis du dehors, de nouveaux moyens de

I V.
Recapitulation &
conclufion de cette
premiere Partie.

B b

mieux faire ; que cela eftant, nous n'avons à donner au public à cet égard que des conjectures, ou pluftoft des occafions de conjecturer. Nous ne luy en ferons point d'excufes,
car c'eft tout ce qu'on peut attendre des hommes en Phyfique, & peut-eftre plus qu'on
n'auroit droit d'exiger d'une Compagnie, de qui l'on pourroit dire qu'elle eft plus eftablie
pour faire des experiences que pour raifonner, s'il n'eftoit auffi impoffible de bien faire
des experiences fans les conduire par la raifon, que de bien raifonner en Phyfique, fans
eftablir fes raifonnemens fur l'experience.

Parmy tous ces doutes, dont on ne void pas bien l'iffuë, on ne laiffe pas de voir
1 beaucoup de faits qui paroiffent certains, & dont on entrevoit les fuites, & dans ces
fuites quelques ufages ; *2* beaucoup de fubftances qui n'avoient point encore efté dif-
cutées par l'analyfe, ny mefme defcrites, & que l'on peut confiderer comme une augmentation confiderable dans la matiere Medecinale , foit par les fubftances nouvelle-
ment reconnuës, foit par les fubftances connuës depuis long-temps, mais extraites d'un
plus grand nombre de Plantes, & par confequent reveftuës d'un plus grand nombre de
fpecifications qui peuvent avoir de grands ufages, & dans lefquelles on pourra penetrer,
foit par la voye des effais ou experiences directes, foit par celle des experiences com-
parées & raifonnées à la maniere des Empiriques anciens , de la conduite defquels Galien mefme a fait tant d'eftime, qu'il n'a point befité à dire qu'ils n'eftoient inferieurs aux
vrais Dogmatiques que dans les occafions qui arrivent rarement.

Ainfi, le moindre fuccez que puiffe avoir ce travail, peut eftre un grand bien , fi le
public en fçait profiter, fans y comprendre que fi les perfonnes habiles jugeoient que la
voye que nous tenons fuft la meilleure pour arriver à quelque fyfteme, & que la fuite
du travail donnaft lieu de conclure qu'il fuft impoffible d'y parvenir par cette voye, on
auroit encore l'avantage de connoiftre un peu mieux & plus materiellement les bornes
de l'induftrie & de la raifon humaine dans la fcience de la nature.

Toutes les veuës que nous avons expofées à l'entrée de ce Chapitre, tant fur la verification des experiences efcrites par les Autheurs , que fur celles dont nous pourrons
nous avifer, doivent eftre rapportées en cet endroit, & appliquées à ces differentes fubftances extraites par les analyfes. Nous adjoufterons feulement icy que l'on pourroit faire
une induction de quelques-unes de ces matieres ; par exemple , des efprits, des huiles,
des fels dans quelques ufages fur l'homme, felon l'analogifme que l'on pourroit tirer de
plufieurs efprits, huiles, fels, dont l'ufage eft connu, & que l'on pourroit faire la mefme
induction dans quelques autres ufages qui regardent les Arts. Par exemple, il y a quelques efprits acides d'un grand ufage qui pourroient donner lieu à leur fubftituer, &
peut-eftre à leur preferer l'efprit acide de l'Abfinthe dans les occafions où l'on a l'eftomach à mefnager. Tout de mefme des efprits urineux, des huiles effentielles, des huiles
noires, des fels felon les ufages differents, & reconnus de ces mefmes fubftances extraites de quelques Plantes. Et pour ce qui regarde les Arts, nous pourrons faire quelques inductions, par exemple, des liqueurs acides fur les Teintures, dans la modifica-
tion defquelles on fait entrer des eaux aigres, & fur certains corps qu'il faut ouvrir
pour de certains ufages ; des efprits urineux, & des fels lixiviels fur l'extraction des laques ;
des mefmes fels fur l'ufage que l'on en peut tirer pour le verre, les émaux, la teinture du
bois, de l'yvoire, la trempe du fer, &c. parce que de plufieurs chofes apparemment de
mefme nature, on fçait que les unes font mieux un certain effet que les autres, & qu'il
eft impoffible de connoiftre ces differents avantages des unes fur les autres par aucun
autre moyen que par l'experience.

Et c'eft ce que nous avions à dire fur la matiere des Memoires fur l'Hiftoire des
Plantes.

CHAPITRE V.

Des Memoires que la Compagnie doit donner au public sur l'Histoire des Plantes.

POUR disposer ces Memoires, & les mettre en estat de paroistre, la Compagnie a resolu que les Personnes qu'elle a particulierement chargées de ce travail, liront sur chaque Plante tous les Autheurs anciens & modernes, dont ils pourroient avoir quelque connoissance, tant pour confronter leurs descriptions aux nostres, que pour faire l'extrait des faits que l'on jugera dignes d'estre rapportez, & d'estre verifiez, & tirer de tout cela dequoy resoudre les questions qui se presentent dans les Autheurs.

Pour ce qui regarde les recherches que la Compagnie s'est proposée de faire, pour adjouster quelque chose de nouveau à cette Histoire, selon les veuës qui ont esté exposées, on les doit considerer comme la seconde partie de cette preparation, & l'on peut aisément distinguer dans ce qui a esté dit ce qui est avancé dans cette preparation, & ce qui reste à faire. Nous ne pouvons parvenir à donner un estat aussi precis que nous en sommes capables de l'analyse de chaque Plante en particulier, sans avoir acquis une connoissance generale de la pluspart des Plantes, selon leur tout, & selon leurs parties, dans les differents âges & les differentes saisons, & selon les differentes manieres de travailler que nous avons proposées. Nous continuërons donc ce travail ce Printemps sur les jeunes Plantes dont nous n'avons pas encore un assez grand nombre d'experiences; cet Esté nous commencerons à travailler sur les differences de chaque Plante en differentes saisons, c'est à dire, de chaque Plante qui subsiste en quelque vigueur pendant l'Hyver & en Esté, comme les Plantes tousjours vertes, tant resineuses que non resineuses, & encore sur les autres Plantes, à l'esgard de celles de leurs parties qui subsistent dans des saisons opposées, comme des racines, vivaces, & des bois. Nous commencerons à travailler sur les fruits verds & meurs, selon leur tout dans ces deux estats, & selon leurs parties dans leur maturité. Nous continuërons l'Hyver de l'année prochaine à travailler sur les semences & sur les bois.

Tandis que nous avancerons ce travail general, qui n'est qu'une preparation du travail dont les Memoires doivent estre composez, nous commencerons le travail qui doit entrer dans la composition de ces Memoires. Nous choisissons donc entre ces Plantes qui ont esté analysées en grand nombre, & chacune plusieurs fois de chaque maniere, & selon differentes parties, celles que le public a le plus d'interest de connoistre, & qui nous peuvent mener à quelques conjectures, & ce sont entre les plus usuelles celles qui ont une saveur extreme. Et comme nous avons pris dessein de pratiquer tout à la fois sur ces Plantes tous les travaux avec toute l'exactitude que nous avons proposée, nous n'en entreprendrons que trois ou quatre à la fois.

C'est dequoy nous esperons composer ce que nous donnerons au public d'année en année. Quiconque aura bien compris l'estenduë de ce travail, & de toutes les tentatives qu'il faut faire pour y parvenir, & dont on ne rompra point la teste au public, jugera sans peine que ce sera beaucoup, si nous pouvons faire ce que nous nous proposons en cela. Mais nous esperons y pouvoir joindre quelques figures, ou quelques descriptions de Plantes non encore descrites, ou qui n'ont pas encore esté figurées. Nous ne joindrons pas les analyses de ces Plantes nouvelles à leurs descriptions, tant parce qu'elles ne doivent estre analysées qu'aprés les Plantes usuelles, que parce qu'il ne seroit pas mesme possible d'en avoir presentement une assez grande quantité pour suffire à tous les travaux des analyses qui ne peuvent estre tous pratiquez que sur le poids de plus de cent livres de chaque Plante.

Nous efperons auffi donner d'année en année les additions que l'on pourra faire à ce Projet, tant en ce qui regarde l'execution des chofes propofées, qu'en ce qui peut eftre des nouvelles propofitions, & des conjectures qui naiffent de tout cela.

Ces Memoires fur l'Hiftoire des Plantes pourront en produire d'autres fur les caufes des Plantes. Nous en pourrons donner un effay dés cette année.

Nous ne pouvons encore dire felon quel ordre nous rangerons les Plantes ; fi nous fuivrons l'ordre des lettres, des genres, des faveurs, des principales vertus, de quelques circonftances principales, ou de leur figure, ou des plus confiderables de leurs parties, comme les graines, fuivant la penfée de Cæfalpinus & de Profper Alpin.

Il eft aifé de prevoir qu'il y aura quelques additions à faire dans les Memoires fur chaque Plante, mefme aprés qu'on les aura donnez au public. Nous donnerons ces additions à mefure qu'elles viendront ; & nous les imprimerons en la maniere la plus commode, pour eftre inferées dans les Memoires desja imprimez, comme ont fait Lobel & Pena dans leurs Memoires.

Nous ne croyons pas qu'il foit neceffaire d'advertir les Lecteurs que nous n'avons pas pretendu rien arrefter dans tout cet efcrit : le feul titre de Projet fuffit pour prevenir tout ce qu'on pourroit objecter fur les difficultez que l'on y pourra trouver. Si l'on ne vouloit rien publier en Phyfique qui ne fuft certain ou parfait, on ne donneroit prefque jamais rien. C'eft une connoiffance qui n'a point de bornes, non feulement dans fon eftenduë, mais dans fa profondeur. Un feul homme, ny mefme une feule Compagnie, ne peut jamais fe promettre d'efpuifer une feule matiere. Si donc nous trouvons, foit par nous-mefmes, foit par les avis que nous efperons du dehors, quelque chofe de meilleur que ce que nous avons rapporté dans cet efcrit ; ou fi nous nous appercevons de nous eftre mefpris dans ce que nous avons dit, nous nous refervons la liberté de preferer ce qui nous paroiftra mieux, de changer d'avis, & d'adjoufter ce qui nous viendra de nouveau. C'eft la feule grace que nous demandons ; & nous croyons avoir quelque droit de l'efperer de noftre Siecle & de la Pofterité.

DESCRIPTIONS

DESCRIPTIONS

DE

QUELQUES PLANTES

NOUVELLES

AVERTISSEMENT.

LA Compagnie auroit defiré de donner, avec le Projet, les Memoires fur quelques Plantes les plus ufuelles entre celles dont elle a fait les analyfes. Il manque encore à ces Memoires plufieurs obfervations, qu'elle efpere faire durant cette année. Cette remife pourra fervir au moins à donner aux Perfonnes habiles du dehors le temps de luy envoyer leurs avis fur tout ce qu'elle leur propofe, avant qu'elle ait rien produit. Elle donne, en attendant, les defcriptions de quelques Plantes, dont la plufpart font rares, & n'ont jamais efté ny décrites, ny figurées. Elle a creû ne devoir pas differer jufques à ce qu'elle en euft fait les analyfes. Ces nouveautez font ordinairement attenduës des Perfonnes curieufes, qui fe font jufques à prefent contentées d'avoir fur les Plantes nouvelles des figures & des defcriptions; & celles-cy n'auroient paru de long-temps, fi la Compagnie ne les avoit voulu donner qu'aprés les Plantes communes, & fi elle avoit attendu, pour les rendre publiques, qu'elle euft eû une affez grande quantité de chacune de ces Plantes nouvelles, pour les travailler en toutes les maniéres qu'elle pratique fur les autres Plantes.

Dd

Angelica Acadiensis, flore luteo.

Angelique d'Acadie, a fleur jaune.

N. Robert del. et sculp.

ANGELICA ACADIENSIS

FLORE LUTEO.

ANGELIQUE D'ACADIE A FLEUR JAUNE.

LA racine de cette Plante est noire & toufuë. Elle jette plusieurs tiges creuses, an-
guleuses, hautes d'un pied & demy, & revestuës dés le bas de quelques pedicules
membraneux dans leur origine, triangulaires dans leur progrez, & subdivisez à leur extremité en trois pedicules. Celuy du milieu porte cinq feuïlles dentelées, les deux autres
n'en portent que trois. Quelques-unes des tiges donnent des branches qui naissent des
aisselles des feuïlles. Chaque tige & chaque branche porte en son extremité une petite umbelle composée de plusieurs bouquets de fleurs jaunes tres-petites, à cinq feuïlles,
qui naissent d'un pericarpe verd, gros comme la teste d'une espingle, accompagné de
deux ou trois petits filets verds par le bas, & jaunes par le haut. La fleur estant passée,
il se forme une graine brune, cannelée, assez semblable à celle du Carüy.

Toute la Plante est acre, amere, & aromatique. L'odeur est fort differente de celle
de l'Angelique ordinaire.

Elle est vivace. Elle ne laisse pas de porter graine comme fait l'Angelique dome-
stique.

Cette Plante nous a esté apportée par M. Richer de l'Academie Royale des Sciences,
envoyé par le Roy en Acadie & en Cayenne pour les observations Astronomiques &
Physiques.

E e

Anonis purpurea frutescens non spinosa.

Arreste-boeuf en arbrisseau, sans espines

B. Robert del. et sc.

ANONIS NON SPINOSA,

PURPUREA FRUTESCENS.

ARRESTE-BOEUF EN ARBRISSEAU, SANS ESPINES.

C'EST un arbrisseau haut de deux ou trois pieds, faisant une racine assez grosse, blanche, tendre, garnie de plusieurs fibres, & un peu acre. Il sort du tronc plusieurs branches tortuës & faciles à ployer, qui ont leur escorce cendrée, & qui se divisent en plusieurs autres branches garnies à leurs nœuds d'intervalle en intervalle, & par bouquets, de trois, six, & quelquefois jusques à douze feuïlles charnues, luisantes, semblables à celles du Fenugrec, mais plus longues, plus estroites, & plus dentelées, dont quelques-unes sont attachées trois à trois à un pedicule fort court, & les autres n'en ont point. Chaque feuïlle a par-dessous une coste assez relevée. Ces feuïlles ont quelque legere acreté, meslée d'acidité. Les branches ont à leur extremité des bouquets de fleurs legumineuses, attachées à des pedicules longs environ d'un pouce, soustenuës par un petit calice rouge, divisé en cinq, odorantes, d'un pourpre rouge fort vif par dehors, le dedans estant par endroits comme lavé, & entremeslé de blanc. La feuïlle d'enhaut est rayée par le dedans. Au milieu de la fleur il y a un stile, recourbé en enhaut, enveloppé d'une petite membrane blanche, divisée par le bout en plusieurs filets. La fleur estant passée, ce stile grossit, & forme une gousse pendante, longue environ d'un pouce, ronde, veluë, gluante, au dedans de laquelle il y a plusieurs graines brunes, de la figure d'un rein.

Cet arbrisseau fleurit en May & en Juin, & est fort long-temps en fleur.

Il croist dans la haute Provence & dans le Dauphiné prés d'Ambrun.

Il ne trace point comme l'Arreste-bœuf ordinaire. Il produit du pied beaucoup de rejettons, que l'on peut transplanter. Il vient fort bien dans des caisses.

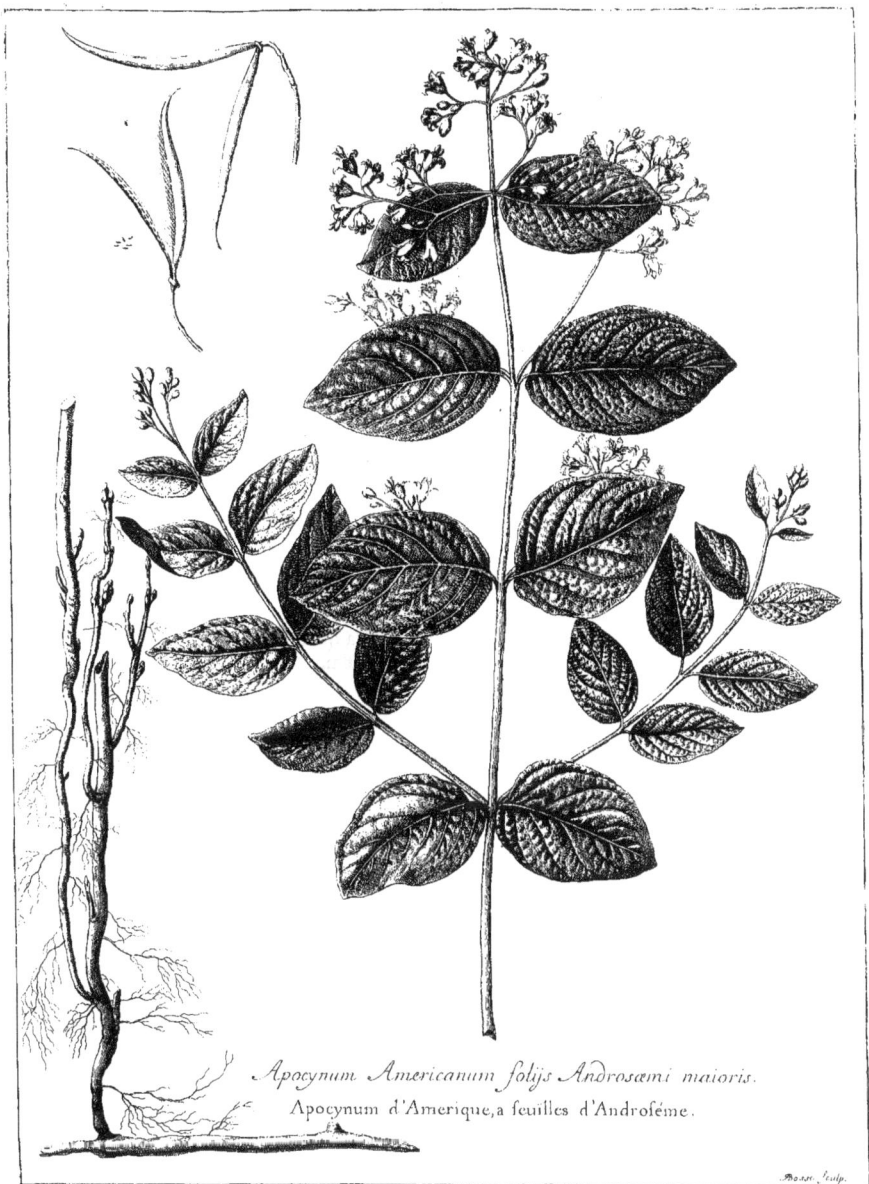

Apocynum Americanum folijs Androsæmi maioris.
Apocynum d'Amerique, a feuilles d'Androféme.

Rossi. Sculp.

APOCYNVM AMERICANVM
FOLIIS ANDROSÆMI MAIORIS.

APOCYNUM D'AMERIQUE A FEUILLES D'ANDROSÆME.

CETTE Plante est une de celles que feu M. Robin a le premier esleué en France. Sa racine est tortuë, brune, cheveluë en quelques endroits, dure & ligneuse. Elle trace, & chaque rejetton pousse une tige lisse, verte, ligneuse, qui se diuise en plusieurs branches rougeastres, parsemées de quelques taches brunes. Ces branches sont ordinairement opposées directement les unes aux autres, excepté que celles qui sont vers les sommitez, sont quelquefois seules. Elles sont garnies de feuïlles en cœur d'un verd brun par dessus; blanchastres & veluës par dessous, & attachées à des pedicules fort courts. Du bout des branches sortent plusieurs petites fleurs, assez semblables à celles de l'Arbousier & du Muguet. C'est une espece de gobelet, soustenu sur son calice, l'un & l'autre diuisé en cinq par le haut. La fleur est d'un blanc, rayé de pourpre clair, ayant au milieu de son fonds un bouton couuert de quatre petites feuïlles entre-ouuertes, pleines d'une liqueur visqueuse & douce, à laquelle les mouches se jettent auec tant d'empressement, qu'on en trouue quelquefois jusques à trois dans une fleur, qui semble pouuoir à peine en contenir une. Elles y meurent engluées par les pieds & par la trompe. Les fleurs estant tombées, il se forme ordinairement à l'endroit de chaque fleur une ou deux siliques brunes, droites, rondes, pointuës, de la grosseur de deux ou trois lignes, longues de deux à trois pouces, & pendantes; qui venant à s'ouurir, semblent toutes pleines de soye platte, par la multitude des barbes tres-fines & couchées l'une sur l'autre, qui naissent de l'extremité d'une graine brune oblongue, attachée par l'autre bout à un corps long, rond & ridé, qui est couuert de cette graine.

Toute la Plante rend du lait, excepté la racine. Ce lait n'a qu'une acreté presque imperceptible. La racine est presque insipide. Les feuïlles ont une assez forte astriction, meslée d'amertume & d'acreté.

Cette Plante fleurit en Juin.

Elle a esté apportée de l'Acadie.

Elle vient aisément, quand elle est une fois reprise, pourueu qu'elle soit exposée au chaud.

Gg

Aster latifolius, Tripolij flore.
After a large feuille, a fleur de Tripolium.

N. Robert del. et fecit.

ASTER LATIFOLIVS

TRIPOLII FLORE.

ASTER A LARGE FEUILLE A FLEUR DE TRIPOLIUM.

SEs racines font noiraftres, cheveluës, & jettent plufieurs tiges droites, rondes, rayées, ligneufes, moüelleufes, hautes d'un pied, environnées par intervalles de petites feüilles pointuës, nerveufes, longues environ d'un pouce & demy, & larges environ de trois lignes, affez femblables à celles de la Linaire commune, mais beaucoup plus fermes. Chaque tige jette en fon extremité, & par intervalles, plufieurs petites branches garnies de fleurs radiées, jaunes dans le milieu, & gris-de-lin dans leur tour, qui forment un bouquet, dont le tour eft plus eflevé que le milieu.

Chaque fleur fort d'un petit calice compofé de plufieurs feüilles vertes, difpofées en efcailles. Le tour de la fleur eft compofé de plufieurs petites feüilles eftroites & rayées, & le difque, de quantité de fleurs, entremeflées de flocons blanchaftres. Ces fleurs font faites en forme de gobelet divifé en fix. Du milieu de chacune de ces fleurs il fort un piftille blanc, dont le bout eft jaune & refendu.

La fleur eftant paffée, elle fe change en flocons : la graine eft oblongue, grifaftre, & barbuë comme celle des autres Afters.

Cette Plante fleurit en Aouft. Elle eft vivace.

Il la faut expofer au Soleil, & la feparer quand la touffe eft groffe.

H h

Aster Pyrenæus præcox flore coeruleo maiore.

Aster precoce des Pyrenées, a fleur bleüe.

N. Robert delin. et sculp.

ASTER PYRENÆVS

PRÆCOX FLORE COERVLEO MAIORE.

ASTER PRECOCE DES PYRENE'ES A FLEUR BLEUE.

LA racine de cette Plante eſt blanche & fibreuſe, & pouſſe pluſieurs tiges moël-
leuſes, hautes de deux pieds, droites, rondes, rayées, veluës, dures, reveſtuës de
feuilles vert-brun veluës, aſpres, nerveuſes, pointuës, dentelées depuis le milieu juſques au bout, oppoſées les unes aux autres alternativement, en tournant. La tige jette
vers le haut pluſieurs branches, qui la ſurpaſſent en hauteur, & qui ſe terminent ainſi
que la tige en une fleur radiée, aſſez ſemblable à celle de l'Aſter attique bleu, mais
beaucoup plus grande.

Elle ſort du bout de la tige & des branches comme une teſte ſouſtenuë de pluſieurs
petites feuïlles vertes, qui luy tiennent lieu de calice. Le tour de la fleur eſt compoſé
d'environ trente petites feuïlles gris-de-lin, longues de demy-pouce, larges d'une ligne.
Chaque feuïlle eſt à ſon origine comme un tuyau, d'où ſort un filet fort delié. Le diſque
eſt couvert d'un grand nombre de cornets jaunes diviſez en cinq, par le bout; du milieu
de chacun deſquels ſort un autre tuyau de la meſme couleur, diviſé en quatre ou cinq,
ayant en ſon milieu un filet jaune diviſé en deux. Les feuïlles du tour & les cornets du
diſque prennent leur naiſſance de la graine encore imparfaite, du haut de laquelle naiſt
un grand nombre de poils fort deliez, qui environnent l'origine des feuïlles & des cornets. La fleur n'a aucune odeur, & venant à ſe paſſer, ſe change en flocons. La graine
eſt oblongue & plate.

La racine eſt un peu acre & aromatique. Les feuïlles ſont acres & fort ameres.

Cette Plante fleurit en Juillet & Aouſt.

Il la faut expoſer au chaud, quoy qu'elle puiſſe eſtre cultivée à l'ombre, mais elle fleurit plus tard.

M. Robin diſoit qu'elle luy eſtoit venuë des Pyrenées.

Astragalus Canadensis flore viridi
flauescente.

Astragale de Canada, a fleur verte
tirant sur le jaune.

N. Robert del et fculp.

ASTRAGALVS CANADENSIS

FLORE VIRIDI FLAVESCENTE.

ASTRAGALE DE CANADA A FLEUR VERTE
TIRANT SUR LE JAUNE.

LA racine de cette Plante eſt blanche, de la groſſeur du petit doigt, & diviſée en pluſieurs autres petites racines. Cette racine paroiſt douce d'abord ; mais peu aprés on y découvre un peu d'acreté, qui tire au gouſt de la Rave. Elle produit trois ou quatre tiges hautes de deux pieds, & quelquefois davantage, rondes, legerement ſtriées, noüeuſes, rouges par le bas & à l'endroit des nœuds chacun deſquels produit alternativement une branche qui porte pluſieurs feüilles arrangées vis-à-vis l'une de l'autre. Il ſort des aiſſelles de ces branches d'autres branches, les unes garnies de feüilles comme les premieres; les autres noüeuſes, & pouſſant d'autres branches feüilluës. A la ſommité de chaque tige & des branches noüeuſes, il ſort en forme d'eſpy beaucoup de fleurs legumineuſes, d'un vert jaunaſtre, ſemblables à celles des autres Aſtragales. Les fleurs eſtant paſſées, il ſe forme pluſieurs gouſſes longues d'environ demy-pouce, liſſes, brunes, & effilées par le bout. Chaque gouſſe eſt ſeparée en dedans, ſelon ſa longueur, par une petite membrane, & remplie de pluſieurs petites graines plates, feüille-morte, & liſſes, approchantes de la figure d'un rein, de meſme que les autres Aſtragales.

Cette Plante doit eſtre ſemée ſur la couche, & tranſplantée en une expoſition chaude. Elle fleurit en Juillet.

K k

Brunella Lusitanica, flore et spicâ
maiore.

Brunelle de Portugal, a grande fleur.

BRVNELLA LVSITANICA

FLORE ET SPICA MAIORE.

BRUNELLE DE PORTUGAL, A GRANDE FLEUR.

LA racine de cette Plante eft blanche, & un peu cheveluë. Elle pouffe des tiges hautes de demy-pied, veluës, entre-rondes & quarrées, rayées feulement de deux canelures oppofées, chacune au milieu de deux faces oppofées, ayant quelques nœuds, chacun garny de deux feüilles larges environ d'un pouce à leur origine, d'où elles vont finiffant en pointe, liffes en deffus, legerement veluës par deffous, & legerement dente-lées. Chaque tige produit en fon extremité un efpy de fleurs plus long & plus gros que celuy de la Brunelle commune, & compofé de plus grandes fleurs, d'un bleu tirant fur le violet, & fans odeur. Elles s'épanoüiffent fucceffivement, tantoft de bas en haut, tantoft de haut en bas. La fleur eftant paffée, on trouve dans chaque calice quatre peti-tes graines, rouffes, luifantes, comme celles de la Brunelle commune, mais plus groffes. Toute la Plante a quelque acerbité.

Elle vient bien dans nos jardins au foleil & à l'ombre. On peut la femer au Prin-temps en pleine terre, ou fur la couche.

Elle fleurit en May & Juin, & dure quelques années.

Monfieur Griffelet nous l'a envoyée de Portugal, où elle croift.

L 1

Carduus stellatus Leucoij folijs.

Chardon estoillé, a feuilles de
Giroflée jaune.

N. Robert del.et sculp.

CARDVVS STELLATVS

LEVCOÏI LVTEI FOLIIS.

CHARDON ESTOILLE' A FEUILLES DE GIROFLE'E JAUNE.

L A racine de ce Chardon eſt blanche, ligneuſe, & garnie de quelques petites fibres. Elle produit une tige haute d'un pied, droite, ronde, cotoneuſe, garnie alternativement, & par intervalles inegaux, de feuïlles longues d'environ trois pouces, fort eſtroites en leur origine, larges environ d'un demy-pouce depuis leur milieu juſques auprés du bout, molles, couvertes d'un coton blanchaſtre en deſſous, ayant une coſte blanche au milieu, aſſez ſemblables à celles de la Giroflée jaune, ou *Leucoïum ſylveſtre luteum*. En tous les endroits où la tige pouſſe des feuïlles, excepté vers le bas, elle eſt armée de quatre eſpines, deux de chaque coſté, l'une tousjours plus petite que l'autre. La tige ſe diviſe vers le ſommet en pluſieurs branches, chacune deſquelles ſe termine à une teſte couverte d'eſpines, les unes redreſſées, & les autres rabatuës vers la tige. Chaque teſte eſt accompagnée en deſſous de trois feuïlles, & jette une fleur peu ouverte, compoſée de pluſieurs filets, de couleur de Pourpre, qui ſe reduiſent à la fin en flocons, parmy leſquels ſont pluſieurs graines rondes, griſes, luiſantes, aſſez groſſes.

La graine eſt amere. Les feuïlles ſont acides avec quelque aſtriction.

Cette Plante fleurit en Juin & Juillet. Elle meurt tous les ans.

On la doit ſemer en Automne en pleine terre, ou ſur couche au Printemps, & la tranſplanter en motte en telle expoſition qu'on voudra.

Clematis. Americana
siliquosa tetraphyllos.

Clematis d'Amerique a quatre
feuilles, portant des gousses.

N. Robert

CLEMATIS AMERICANA,
SILIQUOSA, TETRAPHYLLOS.

CLEMATIS D'AMERIQUE A QUATRE FEUILLES,
PORTANT DES GOUSSES.

ELLE pousse quantité de sarments fort longs, ronds, branchus, souples, rougeastres, qui se terminent en de petits sions, tendres comme ceux de la vigne, & rouges par le bout. Ces sarments sont noüeux, & poussent de part & d'autre de chaque nœud une branche qui n'a gueres que demy-pouce de long, & qui se divise en deux pedicules, du milieu desquels sort un filet separé en trois, qui se subdivisent encore, & s'entortillent entr'eux & à l'entour des appuis qu'ils rencontrent. Chaque pedicule porte une feuille assez semblable à celle du Laurier, à la reserve de deux petites oreilles inégales qu'elles ont à leur origine, & de leur saveur qui n'est nullement acre, comme celle du Laurier, & de plusieurs autres Clematis, mais astringente, avec un goust de Champignon. Les fleurs naissent ordinairement des aisselles par bouquets de trois ou quatre chacun. Chaque fleur a son pedicule & son calice. Le pedicule est long de deux pouces; il sort de la tige entre quatre petites feüilles rondes, dont les deux plus grandes égalent à peine la grandeur de l'ongle du petit doigt. Le calice est un tuyau recoupé par le haut en cinq angles fort obtus; il est jaune, verdastre par le bas, & par le haut d'une couleur approchante de celle de la fleur. Cette fleur est un cornet rouge tirant sur l'orangé, haut environ de deux pouces, estroit en son origine, mais qui s'estant eslargi dés le bas, ne devient gueres plus large que tout en haut, où s'évasant, il se divise en cinq parties qui se renversent sur le cornet. Au dedans il y a cinq filets jaunes, qui sont par le bas comme colez aux costez de la fleur, & degagez par le haut. Dans toutes les fleurs que nous avons veües, nous avons remarqué qu'il y a un de ces filets qui est comme avorton. Les quatre qui sont parfaits sont longs d'un pouce, & ont chacun un sommet separé en deux parties, chaque partie ayant la forme d'une petite feüille. Quand la fleur est tombée, il reste au milieu du calice un pistille, qui se grossit avec le temps, & forme enfin une gousse plate, large d'un demy-pouce, & longue d'un demy-pied; ayant en son milieu une membrane attachée au pedicule de la gousse qui separe des graines plates ovales, opposées les unes aux autres. Chaque graine est enveloppée d'une membrane couleur de roüille, fort deliée, large de quatre ou cinq lignes, & longue d'un pouce, de la figure de la graine.

La racine est noire, ligneuse, & devient grosse comme le bras. Elle est amere.

Cette Plante est presque tousjours verte; & elle se charge, au mois de May, de quantité d'assez belles fleurs.

On la cultive en pleine terre exposée au chaud, dans un bon fonds. Elle a besoin d'appuy pour s'eslever.

Cette Plante & le Jassemin d'Inde à fleur pourprée pourroient faire un genre particulier, parce que leurs fleurs & leurs graines sont tout-à-fait semblables.

Cotyledon flore luteo, radice tuberosâ repente.
Cotyledon a fleur jaune, a racine tubereuse.

Beate fut.

COTYLEDON FLORE LVTEO,

RADICE TVBEROSA.

COTYLEDON A FLEURS JAUNES, A RACINE TUBEREUSE.

SA racine eft charnuë, blanche en dedans, brune en dehors, & cheveluë. Elle produit des tuberofitez, qui jettent d'autres racines. Elle pouffe en Automne une petite
touffe de feuïlles rondes fans cofte, concaves en deffus, liffes, charnuës, affez femblables à celles de l'Ombilic de Venus, excepté qu'elles ne font pas continuës dans leur
rondeur, mais fenduës vers le pedicule, & qu'elles font crenelées, chaque crenelure
eftant mefme un peu dentelée. Ces feuïlles naiffent immediatement de la racine par des
pedicules ronds, qui s'applatiffant en leur extremité, forment les feuïlles. Les feuïlles
ayant efté vertes durant l'Hyver, fe fleftriffent au mois de May, & ne laiffent que leurs
veftiges, au milieu defquels croift une tige ronde, rouge, ferme, parfemée de quelques feuïlles decoupées, beaucoup plus petites & plus minces que les premieres. Elle fe
partage vers le haut en trois ou quatre branches, chargées de fleurs jaunes, entrefemées
de petites feuïlles en triangle & decoupées; le tout difpofé & preffé de forte que chaque
branche paroift comme un efpy. Les fleurs auffi-bien que les calices verds qui les portent, font rondes, creufes, divifées en cinq par le haut. Du milieu de la fleur s'eflevent
cinq petites gouffes, droites, vertes, & environnées de cinq filets couleur de citron,
garnis de leurs fommets.

La graine, qui eft rouffe, & tres-petite, eft dans ces petites gouffes.

Les feuïlles, la tige & la racine ont une faveur aftringente & amere, & la racine plus
que tout le refte. La tige n'a qu'une legere amertume, & les feuïlles en ont encore
moins.

Cette Plante fleurit en Juin, & eft vivace.

Elle fait un plus bel effet eftant mife dans la ferre durant l'Hyver.

O o

Cyanus Orientalis flore luteo fistuloso.

Aubifoin de Levant, jaune, a cornets.

N. Robert del et sculp.

CYANVS ORIENTALIS
FLORE LVTEO FISTVLOSO.

AUBIFOIN DE LEVANT JAUNE, A CORNETS.

SA racine eft fibreufe, noiraftre, ligneufe. Elle produit une tige tortuë, anguleufe, rouge vers le bas. La tige fe divife dés le bas en plufieurs branches, garnies de feuilles efpaiffes, fermes, dont les plus proches de la tige font dentelées, fans ordre ny mefure certaine, & les autres profondement decoupées, principalement vers leur bafe. Ces feuïlles eftant mafchées laiffent une legere acreté. Chaque branche porte en fon extremité une tefte efcailleufe, verte, dure, legerement veluë, & chaque efcaille eft bordée d'un verd blanchaftre. Il fort de chaque tefte une fleur jaune à peu prés de la figure d'un Oeillet.

Le tour de cette fleur eft compofé de cornets jaunes, frangez par les bords. Le milieu n'eft qu'un amas de petits cornets plus courts, fort eftroits, d'un jaune doré, du milieu de chacun defquels il fort un piftil jaune, divifé par le haut en deux filets recourbez. La fleur eftant paffée, il fe forme dans le milieu de chaque tefte plufieurs grains oblongs, gris, barbus par le haut.

Cette Plante a efté apportée de Syrie où elle croift en abondance dans les bleds.

Elle fleurit en Juin, & meurt tous les ans.

On la doit femer au Printemps fur la couche, & la replanter dans des pots, ou en pleine terre. Elle reüffit mieux à l'ombre qu'au foleil.

Dentaria affinis, Echij flore, capsulâ Anagallidis

Dentaire baſtarde, a fleur d'Echium, a capſule de Mouron.

DENTARIÆ AFFINIS, ECHII

FLORE, CAPSULA ANAGALLIDIS.

DENTAIRE BASTARDE A FLEUR D'ECHIUM
A CAPSULE DE MOURON.

SEs racines font de la groffeur du petit doigt, noires, comme efcaillées de bas en haut, s'eſlevant hors de terre comme celles de la Valerienne, garnies de pluſieurs jets fibreux entrelaſſez les uns dans les autres. Elles ont une legere acreté meſlée de quelque douceur, & de quelque chofe d'aromatique. Il fort de chaque rejetton pluſieurs feüilles attachées à des queüës plates en deſſus, longues environ d'un pied. Chaque feüille eſt ſubdiviſée en trois feüilles dentelées, d'un verd brun en deſſus, les deux d'embas oppoſées l'une à l'autre chacune ſouvent diviſée en deux, & celle d'enhaut diviſée en trois. Elles n'ont qu'un gouſt d'herbe. La tige eſt haute environ d'un pied, rougeaſtre par le bas. Elle ſe diviſe quelquefois en deux branches par le haut, ayant à l'origine de chaque branche une feüille ſemblable aux autres, mais plus petite. Au bout de la tige il y a pluſieurs petites fleurs blanches qui pendent à de petites queüës. La fleur ſort d'un calice verd diviſé en cinq, & velu. C'eſt une eſpece de gobelet recoupé en cinq, ayant en dedans quatre ou cinq filets, qui ont leurs ſommets jaunes, au milieu deſquels eſt un petit ſtyle blanc, diviſé en deux par le bout. La fleur eſtant tombée, il ſe forme une capſule ronde, ſemblable à celle du Mouron, qui contient une ſeule graine ronde, chagrinée, aſſez ſemblable à celle de l'Aſperule odorante.

Cette Plante eſt vivace, & fleurit à la fin de May.

Il la faut planter en une bonne terre : elle vient mieux à l'ombre qu'au Soleil.

Nous ne ſçavons d'où elle eſt venüe au Jardin de Blois d'où nous l'avons tirée.

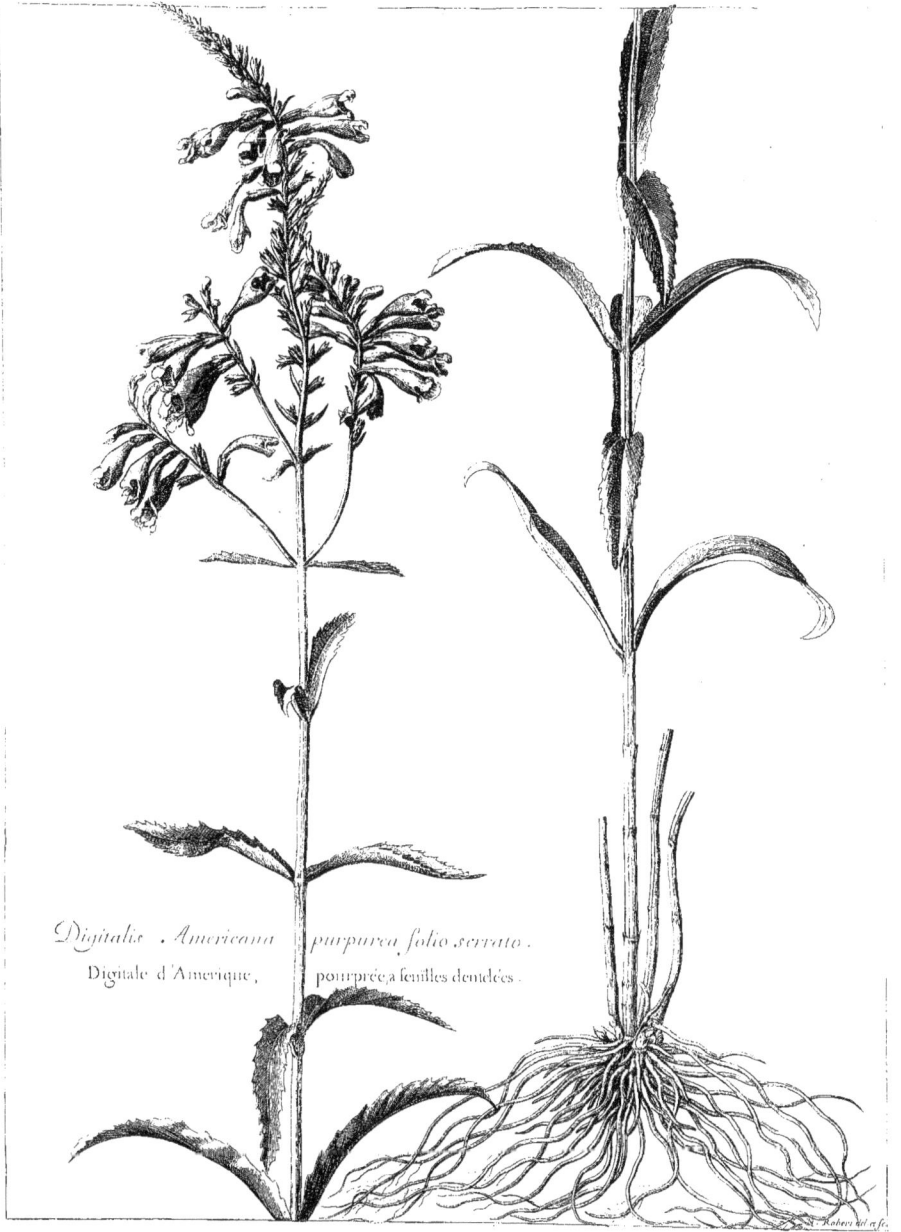

Digitalis . Americana . purpurea folio serrato .
Digitale d'Amerique, pourprée a feuilles dentelées .

Robert del et sc.

DIGITALIS AMERICANA

PURPUREA, FOLIO SERRATO.

DIGITALE D'AMERIQUE, POURPRE'E, A FEUILLE DENTELE'E.

LA racine de cette Plante eft blanche & fibreufe. Elle pouffe une feule tige, haute de quatre pieds, quarrée, noüeufe en diftances égales d'un pouce & demy, & moüelleufe. Les feuïlles font longues de trois pouces, & larges d'un demy-pouce, fort pointuës, dentelées, liffes, d'un vert-brun, avec une cofte blanche. Elles fortent des nœuds de la tige, deux à deux oppofées l'une à l'autre, en forte que celles d'un nœud croifent celles de l'autre. Du haut de la tige naiffent des branches oppofées deux à deux, les unes croifant les autres, reveftuës vers le haut de quantité de cornets gris-de-lin, longs environ d'un pouce, eftroits dans leur origine, d'où ils vont s'eflargif-fant jufques au bout, où ils font divifez en deux levres. L'inferieure eft coupée en trois parties. Celle du milieu eft la plus grande, & tachetée de pourpre comme à la Digitale vulgaire. A la levre fuperieure font attachez quatre filets couleur de citron, qui naiffent du fonds de la fleur, & ne s'en deftachent que vers l'extremité. Ils ont chacun un fom-met de la mefme couleur. Chaque fleur naift d'un calice divifé en cinq, lequel venant à fe groffir, eft remply de quatre graines brunes triangulaires.

La racine paroift d'abord infipide. Mais quand on l'a beaucoup mafchée, elle fait fen-tir une acreté confiderable, meflée de quelque amertume. Les feuilles auffi font affez acres, mais on n'y remarque que cette faveur.

Cette Plante eft vivace. Elle fleurit en Juillet.

Elle vient ègalement bien à l'ombre & au foleil, mais il luy faut une bonne terre. On la peut femer en Automne en pleine terre, ou fur couche au Printemps.

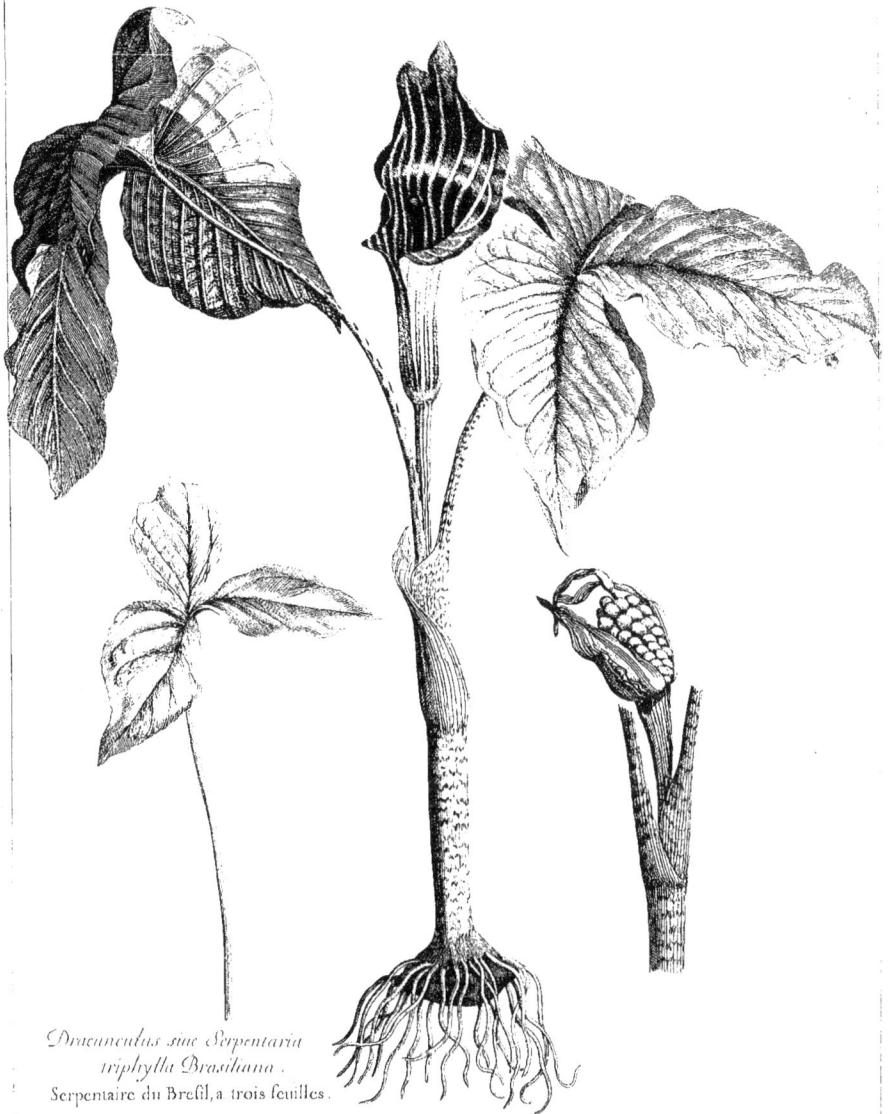

Dracunculus sive Serpentaria
triphylla Brasiliana.
Serpentaire du Bresil, a trois feuilles.

SERPENTARIA TRIPHYLLA
BRASILIANA.

SERPENTAIRE DU BRESIL A TROIS FEÜILLES.

Gaspard Bauhin a fait mention de cette Plante en son Prodrome, mais il ne l'a pas entierement décrite, & n'en a pas donné la figure, n'ayant eu qu'un morceau de la Plante seche.

Sa racine est ronde, de la grosseur d'une Aveline, & jette par sa partie superieure de petites fibres blanches & tendres. Elle pousse une tige & quelques feüilles. La tige est haute environ de huit pouces, enveloppée d'une membrane qui luy sert comme de guaine, le tout semé de petites taches rouge-brunes, sans aucun ordre, comme celles de la grande Serpentaire. Les feüilles sont semblables à celles des Phaseoles, blancha-stres en dessous, rayées de plusieurs nerfs opposez les uns aux autres, & attachées trois à trois à l'extremité de chaque pedicule, naissant immediatement de la racine, & taché comme la tige. Elle se termine à une guaine semblable à celle de l'Aron, qui luy tient lieu de fleur. Cette guaine est verte en dehors, rouge-brune en dedans, rayée de blanc, le tout comme verny. Du milieu de cette fleur il sort un pistille rouge-brun, haut de trois doits, semblable à celuy de l'Aron; & ce pistille produit enfin comme un espy de petits grains rouges, enveloppé d'une guaine membraneuse.

La racine & ses fibres sont insipides. La tige, les feüilles & les grains paroissent doux d'abord, mais ils sont extrêmement piquans, quand on les a bien maschez, & tenus quelque temps dans la bouche.

Elle perd ses feüilles en Hyver, mais sa racine repousse au Printemps.

On la doit cultiver à l'ombre. Elle craint le froid; c'est pourquoy il la faut absolument serrer l'Hyver quand on l'éleve dans des pots.

Gaspard Bauhin dit qu'elle fut apportée du Bresil en 1614. On nous en a apporté depuis peu du Canada.

Héliotropium Americanum,   folijs Hormini.

Héliotrope d'Amerique, a feuille d'Ormin.

HELIOTROPIVM AMERICANVM
COERVLEVM, FOLIIS HORMINI.

HELIOTROPE D'AMERIQUE, A FLEUR BLEÜE,
ET A FEÜILLES D'ORMIN.

SA racine eft blanche, dure, ligneufe, fibreufe, & legerement acre. Elle pouffe une
tige droite, entre-ronde & quarrée, reveftuë d'un poil dur & heriffé, violete depuis fon milieu jufques au haut, & moüelleufe. La tige eft garnie, fur tout vers le bas,
de plufieurs feuïlles, fix à chaque nœud, partagées en deux bouquets oppofez, chacun
compofé de trois feuïlles, une plus grande, longue quelquefois de trois à quatre pouces, large de deux, & de deux petites qui fortent des aiffelles, chacune de fon cofté.
Elles font toutes chagrinées, violetes fur la tranche, & les pedicules des plus grandes
font ailez jufques à la tige qu'ils embraffent. La cofte du milieu des feuïlles eft velüe
par le deffous de mefme que la tige, qui produit vers le bas quelques branches quarrées, & quelquefois deux pedicules recourbez vers l'extremité, comme la queüe d'un
Scorpion, chargez en deffus de deux rangs de petites fleurs gris-de-lin tirant fur le
bleu. Chaque fleur eft un tuyau, dont l'extremité s'eflargit tout-à-coup, & s'applanit, &
dont le bord eft recoupé en cinq feuïlles rondes. Le milieu de la fleur à l'endroit où
elle s'évafe eft jaunaftre, & forme une ouverture de la figure d'une eftoile à cinq
pointes, chacune de ces pointes regardant le milieu de fa feuïlle. Cette ouverture
laiffe voir cinq filets fort courts, naiffant du fond, & attachez aux coftez de la fleur.
Quand elle eft tombée, les graines fe forment le long du pedicule deux à deux, de la figure de deux cœurs attachez enfemble, & au pedicule par leur bafe. Ces graines font
brunes, ftriées en dehors, & chacune compofée de deux parties égales, divifées entre elles
de la bafe à la pointe.

Cette Plante eft annuelle. On la doit femer au Printemps fur la couche, & la tranfplanter en une expofition tres-chaude.

Elle nous a efté apportée des Ifles de l'Amerique par M. Denifon, qui eft tres-
curieux & tres-intelligent.

Guill. Pifo a fait mention d'une Plante, qu'il nomme Jacua Acanga, affez femblable   *Pag. 229.*
à celle-cy. Margrave en a auffi parlé dans l'Hiftoire du Brefil fous le mefme nom.   *Pag. 7.*

T t

Jacea Lusitanica maxima
Jempervirens.

Grande Jacée de Portugal toûjours verte.

Bosse sculp.

JACEA LVSITANICA MAXIMA,
SEMPER VIRENS.

GRANDE JACE'E DE PORTUGAL, TOUSJOURS VERTE.

SA racine eft groffe d'un pouce, ligneufe, peu fibreufe. Elle porte plufieurs tiges hautes de quatre pieds ou environ, branchuës, rayées de rouge-brun & de verd, &
comme cannelées, couvertes d'un poil folet, & moüelleufes. Elles jettent par intervalles
& en confufion quantité de feuïlles de fept ou huit pouces de long, & d'un pouce de
large en leur milieu, eftroites en leur bafe, & fort pointuës par le bout. Celles qui font
les plus proches de terre font profondement decoupées vers leur bafe, & legerement
dentelées. Toutes les feuïlles font d'un verd pafle, rudes, & un peu veluës. Quand elles
viennent à fe deffecher, il fort à leur place comme des bouquets de feuïlles femblables,
mais plus petites & dentelées. Ces bouquets venant à s'alonger, deviennent peu à peu
des branches garnies des mefmes feuïlles. Chaque branche finit par une tefte écailleufe
comme la Jacée commune, chaque écaille portant en fa pointe une barbe rouffaftre
& renverfée. Les teftes s'ouvrant par le haut, fleuriffent en houpe, compofée de quantité de cornets longs & eftroits, gris-de-lin lavé, frangez de cinq pointes, dans le milieu defquels eft un ftile de la mefme couleur, mais plus chargée. Au pied de chaque
petit cornet eft attachée une graine blanche luifante, femblable à celle de la Jacée commune.

La racine eft d'une faveur fort aromatique, peu acre, & les feuïlles font un peu aftrin-
gentes, avec affez d'amertume.

Cette Plante eft vivace. Elle produit en Juillet quantité de fleurs, & porte graine la
mefme année.

Elle vient aifément de graine eftant femée au Printemps en pleine terre, ou fur la
couche, pourveu qu'elle foit expofée au grand foleil.

Les grandes pluyes & les verglas luy font fort contraires.

Nous la tenons de Monfieur Grifelay Profeffeur Botanique & Chymique.

Jacea sicula Erucæ folio, lutea, echinata.

Jacée de sicile a feuille de Roquette, a fleur jaune, a teste espineuse.

N. Robert del et sculp.

JACEA SICVLA, ERVCÆ FOLIO,

LVTEA ECHINATA.

JACEE DE SICILE A FEÜILLE DE ROQUETTE,

A FLEUR JAUNE, A TESTE ESPINEUSE.

SA racine eft blanche, dure, jettant plufieurs fibres de la mefme couleur. Cette racine eft legerement acre, & jette plufieurs feuïlles dures couchées par terre, affez
femblables à celles de la Roquette. Du milieu de ces feuïlles fortent plufieurs tiges anguleufes, un peu cotonées, alternativement reveftuës de feuïlles dures, rudes, d'un verd
blanchaftre, les unes un peu decoupées, & les autres non, les unes pointuës, & les autres non, & toutes ayant au bout une petite pointe dure. Les tiges font branchuës
depuis le bas jufques au haut, & les branches fe fubdivifent en d'autres branches, toutes naiffant des aiffelles, & finiffant en une petite tefte verte écailleufe, un peu veluë,
armée de plufieurs efpines jaunes, celles d'embas rabatuës, & celles d'en haut redref-
fées. Il fort de chaque tefte legerement entr'ouverte une fleur jaune-citron, laquelle
eft compofée d'un grand nombre de petites fleurs fiftuleufes comme celles des Jacées
ordinaires. Ces fleurs eftant tombées, chaque tefte fe trouve remplie de barbes blanches,
droites, & fort preffées, qui couvrent tout le deffus de cette tefte, excepté les endroits
d'où naiffent plufieurs petites graines oblongues, grifaftres, & fort liffes, dreffées fur
leur pointe, qui eft émouffée, & recourbée. Ces graines font couronnées par le haut de
plufieurs poils blancs, droits, & écartez en vergette.

Cette Plante eft annuelle. Elle fe refeme facilement d'elle-mefme, & doit eftre expofée au chaud.

Elle fleurit en Juillet.

Elle nous a efté apportée d'Italie.

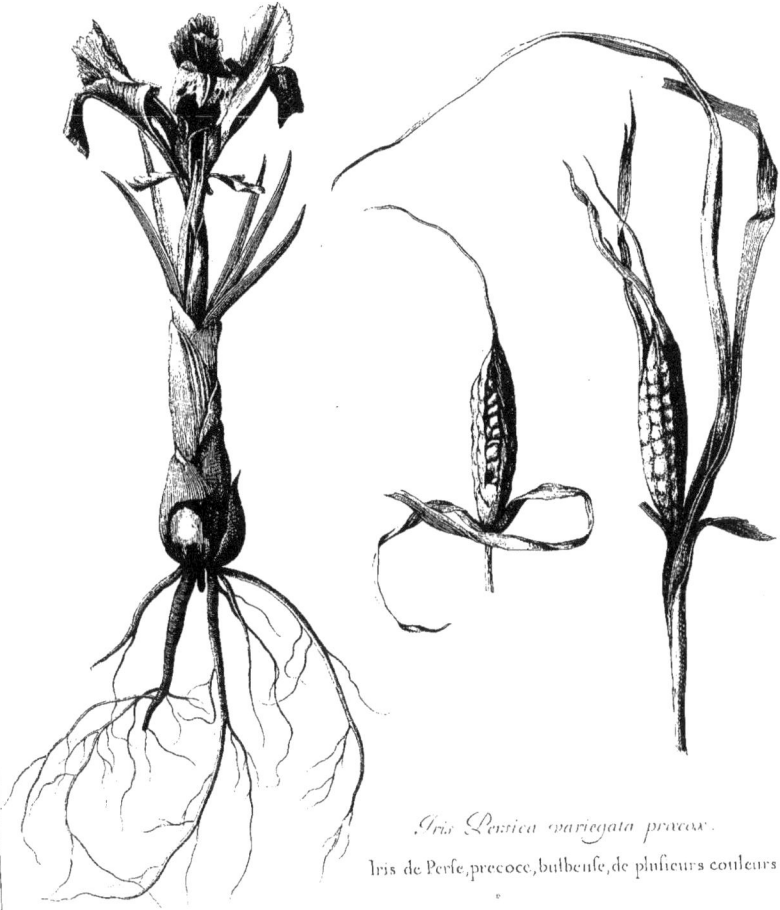

Iris Persica variegata præcox.

Iris de Perse, precoce, bulbeuse, de plusieurs couleurs.

IRIS PERSICA, BVLBOSA,

VARIEGATA, PRÆCOX.

IRIS DE PERSE, PRECOCE, BULBEUSE, DE PLUSIEURS COULEURS.

CETTE Iris est fort Printanniere. Elle fleurit quelquefois sur la fin de Fevrier. Sa racine est bulbeuse, de la figure d'une petite poire, composée de plusieurs tuniques blanches. Elle est insipide. Il sort du bas de ce bulbe, sur tout quand il est en fleur, plusieurs racines rondes & longues, cheveluës en leurs extremitez, & jaunastres. Quand ce bulbe est disposé à produire sa fleur, trois ou quatre de ses tuniques, qui se trouvent alors legerement rayées, s'alongent, & enveloppent la tige & les feüilles, qui toutes naissent dés le bas comme celle des autres Iris, & qui accompagnent la tige de part & d'autre. Il y en a ordinairement trois de chaque costé, caves, rayées, couchées les unes sur les autres, redressées vers la tige d'un verd blafard, & luisantes en dedans. La tige est charnuë, blanche par le bas, d'un bleu lavé par le haut, enveloppée de deux feüilles rayées, membraneuses & molasses, d'un verd plus jaunastre que les autres feüilles. Elle sert de pedicule à la fleur qui est blanche, avec quelque teinte de bleu en quelques endroits, rayée & tachée d'oranger, & de violet fort enfoncé, & au reste ayant à peu prés la figure & les divisions des autres Iris.

Elle est composée de neuf feüilles, six grandes & trois petites, & toutes trois à trois. Des six grandes les trois inferieures sont rabatuës par le bout, à peu prés de la figure d'un fer de dard, dont les deux barbillons relevez & recourbez en dessus, embrassent la feüille superieure. Ces feüilles inferieures ont dans leur milieu en dessus, & selon leur longueur, une ligne orangée, pointillée en long, d'un violet fort brun, & accompagnée de part & d'autre de deux lignes de couleur tirante à la feüille-morte. De cette ligne orangée partent plusieurs autres lignes tracées du mesme violet, qui s'estendent de part & d'autre, & s'esloignant insensiblement l'une de l'autre panachent ces feüilles jusques vers les bords. Elles ont à leur extremité une grande tache veloutée d'un violet fort brun, qui laisse à l'entour d'elle un limbe blanc. Les autres feüilles qui sont couchées sur ces premieres, & qui se redressent par le bout les unes vers les autres, sont comme satinées d'un blanc tirant sur le gris-de-perle, qui tourne au bleu lavé vers le milieu. Elles sont fenduës en deux par le bout, frisées & crenelées, & le commencement de la fente est recouvert d'une languette de la couleur de la feüille. Entre ces feüilles il naist un filet fort court, qui soustient un sommet trois fois plus long, affermi d'une coste en son milieu, & chargé comme d'une certaine poussiere. Les trois petites feüilles sortent orizontalement d'entre les trois premieres grandes. Elles sont frisées & refenduës comme des feüilles de Chesne.

Quand la fleur est tombée, les feüilles de la tige s'allongent extremement, & il se forme au bas de la tige une espece de gousse membraneuse, remplie de plusieurs graines rousses-brunes & dures.

Il la faut exposer au chaud contre des costieres, & la couvrir pendant l'Hyver.

Lilium Acadiense pumilum flore rubro punctato.

Lis nain d'Acadie, a fleur rouge pointillée.

N. Robert del. R. Sculp.

LILIVM ACADIENSE

PVMILVM, FLORE RVBRO PVNCTATO.

LIS NAIN D'ACADIE, A FLEUR ROUGE POINTILLE'E.

SA racine eft compofée d'un grand nombre d'efcailles blanches, affez femblables à celles du Martagon de Canada. Elle porte une tige haute d'un pied, liffe, & environnée de feüilles liffes, fermes, nervées comme celles du Plantain, plus eftroites que celles des autres Martagons. Ces feüilles font d'efpace en efpace directement oppofées les unes aux autres, & en nombre fort inegal, en forte que s'il y en a cinq au premier eftage, il y en aura, par exemple, trois au fecond, fix au troifiéme, & quelquefois une feule. La tige porte en fon extremité une feule fleur. Elle eft rouge, & faite à peu prés comme celle des autres Lis.

Elle eft compofée de fix feüilles, jaunes vers la bafe, couleur de feu dans tout le refte, & pointillées de rouge-brun dans leur milieu. De ces feüilles il y en a trois qui ont en deffous une cofte jaune, & fort relevée, formée par une canelure en deffus. Les trois autres qui font alternativement difpofées avec ces trois premieres, n'ont ny cofte ny canelure; & la partie qui en eft comme la queuë, fe repliant en deffus felon fa longueur, fait une goutiere. Au milieu de la fleur il y a un piftil couleur de chair, divifé en trois par le haut, environné de fix filets tres-delicats, couleur de chair par le bas, & rouges par le haut, ayant leurs fommets plats & longuets, jaune d'or, attachez par le milieu de la tranche à l'extremité du filet.

Cette Plante doit eftre cultivée à l'ombre en bonne terre, & couverte l'Hyver avec de la mouffe. Elle vient auffi fort bien dans un pot, qu'il faut mettre l'Hyver dans la ferre.

Elle fleurit en Juillet, & nous a efté envoyée de Cayenne par Monfieur Richer, de l'Academie Royale des Sciences.

Lilium montanum .*flore pleno*.

Martagon de montagne a fleur double.

N. Robert in.

LILIVM MONTANVM

FLORE PLENO.

MARTAGON DE MONTAGNE A FLEUR DOUBLE.

SA racine eft un bulbe efcailleux de couleur citrine. Ce bulbe jette plufieurs fibres de
fa bafe, & pouffe une tige droite, haute de deux pieds, garnie de fibres au fortir du
bulbe, rouge-brune, & tachée par bas, lanugineufe vers le haut, environnée d'eftage en
eftage de cinq, fix & fept feüilles directement oppofées, affez femblables à celles du
Plantain eftroit. Elle eft encore garnie de quelques feüilles moindres, fans ordre, fur
tout vers le haut, où la tige fe fepare en deux ou trois branches, qui fortent des aiffelles formées par quelques-unes de ces petites feüilles. Ces branches fervent de pedicule a des fleurs d'un pourpre blafard & pointillé, femblables à celles du Martagon ordinaire, excepté qu'elles font moins panchées, & qu'elles font doubles à trois rangs. Du
milieu de la fleur fortent quatre ou cinq petits filets de mefme couleur, au bout defquels il y a des fommets couverts d'une pouffiere orangée.

Cette Plante fleurit en Juin, mais non pas tous les ans.

Il la faut mettre dans une bonne terre, qui foit legere, & pluftoft à l'ombre qu'au
foleil: le bulbe doit eftre mis en terre de la profondeur de quatre doigts. Il pouffe des
caïeux qu'il faut feparer quand la fleur eft paffée, & les remettre auffi-toft en terre.

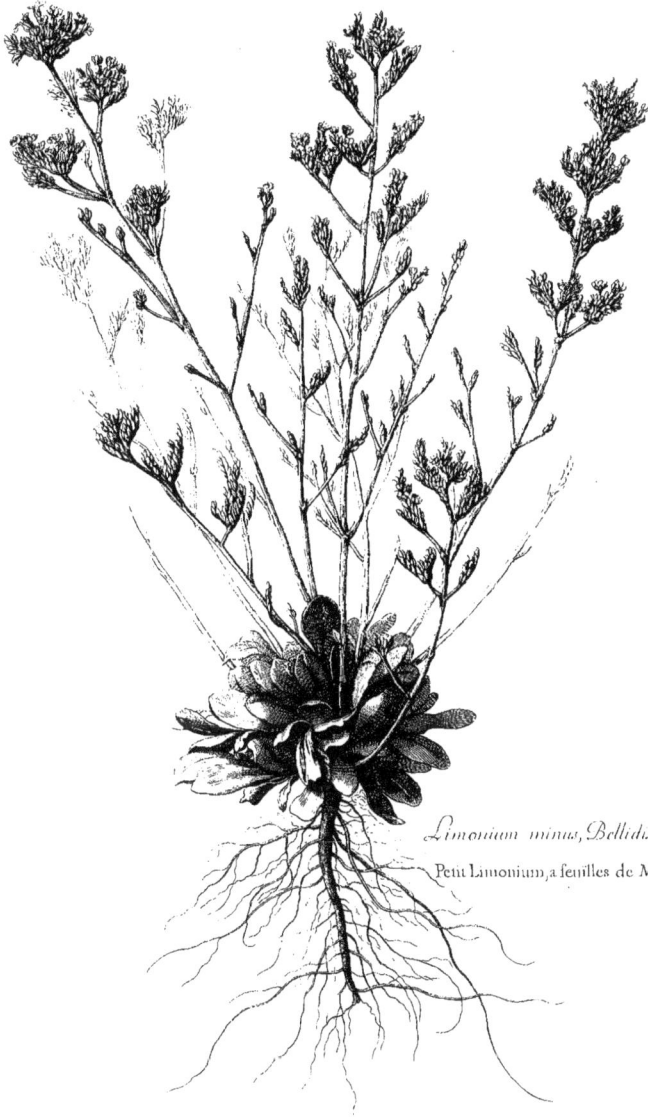

Limonium minus, Bellidis minoris folio.

Petit Limonium, a feuilles de Marguerite.

LIMONIVM MINVS BELLIDIS
MINORIS FOLIO.

PETIT LIMONIUM A FEÜILLES DE MARGUERITE.

SA racine eft de la groffeur du petit doigt, rouge & dure. Elle pouffe une touffe de feuïlles efpaiffes, charnuës & fermes, femblables à celles de la Marguerite, hors qu'elles ne font pas dentelées, & qu'elles ont de l'aufterité. De cette touffe fortent plu-fieurs tiges branchuës, fans feuilles. Leurs branches fe fubdivifent en d'autres branches toutes couvertes du cofté qui regarde la tige de tres-petites fleurs gris-de-lin preffées l'une contre l'autre.

Toutes ces fleurs font envelopées à leur origine deux à deux, de deux tres-petites feuïlles vertes appliquées l'une fur l'autre, & roulées felon leur longueur, de forte qu'el-les font comme un tuyau. Celle de ces petites feuïlles qui enveloppe immediatement la fleur, eft doublée de plufieurs membranes blanches, & liffes comme du fatin. Chaque fleur naift d'un cornet blanc, verdaftre, rayé de rouge, divifé en cinq par le haut. Il fert de calice à la fleur. Cette fleur eft compofée de cinq feuïlles rondes, efchancrées par le haut ; elle eft garnie en dedans de cinq filets blancs, & de quatre ou cinq autres filets garnis de leurs fommets. Quand la fleur eft tombée, le calice demeure, & le pericarpe s'eflevant du fond, & groffiffant, on le void couvert comme d'une coeffe violete, re-coupée en cinq par le bas, & femblable à une petite fleur renverfée.

Cette Plante croift au bord de la Mer en Languedoc & en Provence.

On la doit femer au Printemps fur la couche ou en pleine terre, & l'expofer au chaud. Elle eft vivace.

Loto affinis coryli folio

Espece de Lotus a feuille de Coudre

N. Robert del. et sculp.

LOTO AFFINIS CORYLI FOLIO.

LOTUS BASTARD A FEÜILLE DE COUDRE.

CETTE Plante a la racine blanche, dure, divifée en deux ou trois branches. Elle eft d'un gouft legumineux un peu acre & amer, & produit une tige ronde, moüelleufe, un peu tortuë & anguleufe vers le haut, haute d'un pied & demy au plus, & branchuë dés le bas. Toute la Plante eft garnie de feuïlles affez clair-femées, n'y en ayant gueres qu'autant qu'il faut pour former les aiffelles d'où naiffent les branches & les fleurs. Ces feuïlles font affez femblables à celles du Coudre, charnuës, nervées, bouïllonnées, & tres-legerement dentelées par les bords, chacune ayant à fa bafe de chaque cofté une tres-petite feuïlle pointuë & rabatuë. Il fort prefque à toutes les aiffelles, tant de la tige que des branches, un pedicule affez ferme, rond, long environ d'un pouce, portant en fon extremité un bouquet de dix ou douze petites fleurs legumineufes, blanches, dont les feuïlles rabatuës ont chacune en fon extremité une petite tache violete. Du milieu des feuïlles de cette fleur fort le pericarpe, qui en fon extremité s'alonge, faifant une pointe blanche, frangée par le bout en cinq pointes fauves. La fleur eftant paffée, le pericarpe fe groffit, & il fe forme une graine noire, chagrinée, approchante de la figure de celle du Phafeole.

Il faut femer cette Plante fur couche, & la tranfplanter au chaud, ou la femer d'abord en pleine terre, meflée de terreau.

Elle eft annuelle.

Elle fleurit en Juillet & en Aouft.

CCc

Lychnis hirta minor, flore variegato
Petite Lychnis a fleur variée.

N. Robert del. et sculp.

LYCHNIS HIRTA MINOR,

FLORE VARIEGATO.

PETITE LYCHNIS A FLEUR VARIE'E.

LA racine de cette Plante eſt blanche, & jette quelques fibres ; porte une tige veluë, branchuë & noüeuſe. Toute la Plante eſt garnie à chaque nœud de deux
feüilles ſans pedicule, oppoſées, veluës, eſtroites à leur origine, d'où elles vont s'eſlargiſſant inſenſiblement juſques au bout qui s'arondit tout court, ſur tout au bas de la
tige, où elles ſont longues de deux pouces ou environ, & d'où elles vont diminuant, &
ſe preſſant inſenſiblement juſques au ſommet de la tige & des branches, où elles ont à
peine demy-pouce, & changent de ſituation, devenant d'oppoſées qu'elles eſtoient au
bas de la Plante, alternatives vers l'extremité, d'où ſort à chaque aiſſelle un calice velu,
oblong, ſtrié. Chacun de ces calices porte une petite fleur compoſée de cinq feüilles
rouges, bordées de blanc, & frangées. Au milieu de chaque fleur il y a huit ou dix filets blancs, plats, fort deliez, attachez par bas aux feüilles, & degagez par le haut. La
fleur eſtant paſſée, le calice ſe groſſit, & contient une petite graine noire de la figure de
celle des autres Lychnis.

Cette Plante eſt annuelle, & fleurit en Juin.

Elle nous a eſté envoyée d'Italie.

Elle eſt facile à eſlever, ſoit qu'on la ſeme en Automne ou au Printemps. Il eſt mieux
qu'elle ſoit expoſée au chaud.

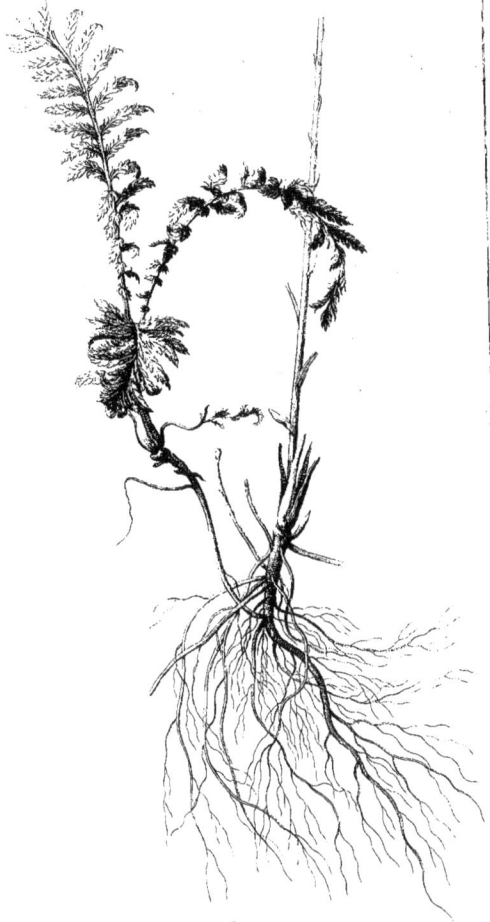

Mille-folium montanum, purpureum, Tanaceti folijs.

Millefeuilles de montagne, a fleurs pourprées, a feuilles de Tanesie.

MILLEFOLIVM MONTANVM

PVRPVREVM TANACETI FOLIIS.

MILLEFEÜILLE DE MONTAGNE A FLEURS POURPRE'ES
ET A FEÜILLES DE TANESIE.

SA racine, qui eſt rampante, & ligneuſe, pouſſe entre deux terres pluſieurs jets, deſquels il ſort, avant qu'elle ſoit montée en tige, un bouquet de feüilles ſemblables à
celles de la Taneſie. Ces feüilles ſont longues d'environ ſix pouces, & compoſées de pluſieurs autres feüilles qui ſont oppoſées, eſtroites, decoupées, & dentelées, & attachées
à une coſte veluë. La tige eſt canelée, veluë, & garnie par intervalles de feüilles beaucoup plus petites que celles qui paroiſſent avant la tige. Elles forment des aiſſelles garnies de bouquets de feüilles de meſme figure, mais beaucoup plus petites. La tige ſe diviſe vers le haut en pluſieurs branches, dont chacune ſe ſubdiviſe en quantité de pedicules, qui portent chacun leur fleur gris-de-lin, & compoſent une umbelle.

Chaque fleur ſort d'un calice eſcailleux. Elle eſt compoſée en ſon tour de cinq, ſix,
& quelquefois ſept feüilles rayées en dedans, au pied de chacune deſquelles on remarque ordinairement un filet jaune, fourchu. Le milieu eſt remply de neuf ou dix petits boutons jaunaſtres, qui s'épanoüiſſent comme un Lis de quatre ou cinq feüilles, gris-
de-lin, au milieu deſquelles eſt un ſtile jaune, double par le bout, & recourbé de part
& d'autre.

La racine & les feüilles ſont ameres, aſtringentes, aromatiques.

Nous reduiſons cette Plante ſous le genre des Millefeüilles, à cauſe de la reſſemblance
des fleurs & de la graine.

Outre que les fleurs de cette Millefeüille ſont fort differentes de la Taneſie, & que ſes
feüilles ſont de beaucoup plus grandes, on peut donner pour diſtinction preciſe & per-
petuelle, 1 Que ſes tiges & ſes coſtes ſont veluës; 2 Que ſes aiſſelles ſont garnies de
bouquets de feüilles; 3 Que ſes feüilles n'ont qu'une legere odeur, les tiges de la Taneſie eſtant liſſes, les aiſſelles vuides, & les feüilles d'une odeur medicamenteuſe tres-
forte.

Millefolium odoratum minus album
Monspeliensium.

Petite Mille feuille, blanche, odorante, de
Montpelier.

MILLEFOLIVM ODORATVM
MINVS ALBVM MONSPELIENSIVM.

PETITE MILLEFEÜILLE BLANCHE, ODORANTE,
DE MONTPELIER.

LA racine de cette Plante eft menuë, fibreufe, grifaftre, ligneufe, & produit plufieurs jets couchez fur terre, qui jettent des fibres, par le moyen defquelles ils prennent aifément racine. Ils font garnis de feüilles menuës, & profondement decoupées,
qui reffemblent à celles de la petite Abfinthe Pontique. La tige eft haute environ d'un
pied & demy, un peu anguleufe, & un peu veluë: elle fe divife quelquefois dés le bas
en plufieurs branches. Les feüilles de la tige & des branches font beaucoup moins decoupées que celles d'embas, comme à la Millefeüille vulgaire. Les unes & les autres font
picotées de quantité de petits points; mais celles de la tige & des branches le font beaucoup moins qu'à la Millefeüille, & point du tout veluës. Le bout de la tige & des branches eft divifé en d'autres petites branches, qui forment une umbelle compofée de fleurs
blanches affez preffées.

Chaque fleur fort d'un petit calice efcailleux: le tour de la fleur eft compofé de cinq
petites feüilles blanches, rayées en dedans, & crenelées par l'extremité. Le milieu eft un
amas de huit ou neuf petits cornets jaune-pafle, qui eftant épanouïs reffemblent affez à
des Lis ouverts: ils ont chacun en leur milieu un petit ftile d'un jaune plus doré.

Cette Plante croift aux environs de Montpelier, d'où elle nous a efté envoyée par
Monfieur Magnol Docteur en Medecine, tres-fçavant dans la connoiffance des Plantes.
Elle fleurit en Juin.

On l'éleve aifément au foleil & à l'ombre; mais lors que la touffe eft groffe, elle pour-
rit dans le milieu, fi on ne la fepare.

Rapuntium Americanum flore diluto coeruleo.—

Raiponce d'Amerique a fleur bleu-palle.—

N. Robert del. et fecit.

RAPVNTIVM AMERICANVM

FLORE DILVTE COERVLEO.

RAIPONCE D'AMERIQUE A FLEUR BLEU-PASLE.

SA racine eft blanche, tendre, fibreufe, & fort chevelue. Elle pouffe d'abord plufieurs feuïlles larges d'un pouce, longues de trois, pointuës, crenelées, boffelées, veluës, fermes, feches, d'un verd-brun fur tout en deffus, couchées par terre, & eftenduës en rond. Elles rendent un lait jaunaftre quand on les entame. Du milieu de ces feuïlles naïft une tige haute d'un pied & quelquefois davantage, ronde, inegale, noüeufe, fes nœuds eftant fort prés à prés: elle eft quelquefois rameufe dés le bas, & garnie de feuïlles femblables à celles d'embas, deux à deux, les unes croifant les autres. Les fleurs fortent des ailes des feuïlles, & commencent à fleurir dés le bas, ou vers le milieu de la tige. Elles font femblables à celles de la Cardinale, hors que le petit cafque, qui a en fon extremité comme un bec d'oifeau, ne s'allonge pas tant qu'à la Cardinale; que les decoupeures font beaucoup plus courtes, & que leur couleur eft meflée de bleu-pafle & de violet. Elle eft attachée à un pedicule court, qui fouftient un calice de cinq feuïlles pointuës, pliées en deux, & un peu roulées par les bords.

La fleur eft un godet haut de huit lignes, divifé en cinq par le haut, & formant autant de pointes, heriffées de quantité de poils. Ce godet eft fendu par deffus jufques au calice pour donner fortie au piftile, qui du milieu de cette fleur fe redreffant & s'échapant en deffus, fe rabat par le bout. Ce piftile eft reveftu d'un eftuy fendu en cinq par le bas, & faifant comme cinq pieds qui le foûtiennent, s'appuyant fur la circonference du pericarpe. Cét eftuy finiffant à l'endroit où le piftile commence à fe rabatre, eft continué par un fupplément à cinq pans, dur, verd, & remply d'une poulliere jaune.

Cette Plante fleurir en Aouft.

GGg

Samicula, sive Cortusa Indica,
flore spicato, fimbriato.

Cortufe d'Inde, a fleur frangée.

SANICVLA SIVE CORTVSA INDICA,

FLORE SPICATO FIMBRIATO.

CORTUSE D'INDE, A FLEUR FRANGÉE.

CETTE Plante a la racine rougeaftre, cheveluë, d'un gouft aftringent. Elle produit plufieurs rejettons, & fait une touffe de feuïlles anguleufes, dentelées, veluës deffus & deffous, & attachées à des pedicules velus, longs de trois pouces. De cette touffe fortent plufieurs tiges veluës d'un pied de haut, nües jufques à la moitié de leur hauteur, où elles font garnies de deux feuïlles fans pedicule, oppofées l'une à l'autre, plus pointües & plus dentelées que celles d'embas. Le refte de chaque tige produit vers le haut un efpy de petites fleurs blanches. Ce font de petites coupes divifées en cinq, frangées de blanc tirant fur le rouge, & attachées à des pedicules fort courts. Le milieu de la fleur eft remply de huit ou dix filets, garnis chacun d'un fommet jaune. La fleur eftant paffée, le calice groffiffant devient une capfule qui contient cinq ou fix graines entaffées, ovales, noires & luifantes.

Cette Plante fleurit en Avril & en May.
Elle vient de l'Amerique.
Il la faut cultiver à l'ombre.

H H h

Scabiosa stellata, annua prolifera.

Scabieuse estoillée, annuelle.

N. Robert del et sul.

SCABIOSA STELLATA, ANNVA,

PROLIFERA.

SCABIEUSE ESTOILLÉE, ANNUELLE.

CETTE Plante a la racine blanche, ligneufe, & garnie de fibres. La tige eft ronde, veluë, noüeufe, moüelleufe, haute d'un pied ou environ, reveftuë à chaque nœud de deux feüilles oppofées l'une à l'autre, qui embraffent la tige, & qui n'ont point de pedicule, larges environ d'un pouce, & longues de deux & demy, legerement fraifées par les bords, nerveufes, grifaftres, un peu velües. La tige fe divife vers fon milieu ordinairement en quatre branches, & quelquefois en deux, & jette autant de feüilles, une fous chaque branche. Au milieu de cette divifion & des fubdivifions qui la fuivent, & au bout des branches il fort une fleur d'un blanc meflé de verd affife fur un calice auffi large qu'elle, & compofé de dix ou douze feüilles pointuës. Cette fleur eft d'une figure affez femblable à celle de la Scabieufe commune.

Cette fleur a deux parties, la boffe & le tour: tout cela n'eft compofé que de petites fleurs; chacune de celle du tour eft un godet garny en dedans de fes filets, court, fort evafé, divifé comme en cinq feüilles, dont les trois les plus efloignées du centre de la fleur font fans comparaifon plus grandes que les deux autres. La boffe n'eft qu'un amas de pericarpes, dont chacun porte un calice verd, divifé par le haut en cinq feüilles pointuës. Ce calice porte un cornet divifé par le haut en cinq parties égales. Chacun de ces cornets a en fon milieu un piftile blanc, eflevé beaucoup au deffus des bords du cornet.

Le Pericarpe a beaucoup de circonftances, dont il feroit difficile de donner une defcription exacte, & qui ne fuft pas ennuyeufe, & mefme obfcure par la longueur. Nous ne dirons donc que les principales circonftances de cette partie. C'eft un cône renverfé, dont la pointe eft reveftue d'une foye blanche, déliée, & redreffée: la bafe eft gauderonnée du centre à la circonference par huit bofferes égales. Du centre de cette bafe naift un tuyau tres-court, qui couvre & accompagne la fortie du pedicule du calice, lequel, après que la fleur eft tombée, s'applanit, efcartant fes pointes de plus en plus, & fait une eftoile à cinq pointes égales, également diftantes, d'où l'on a tiré une des differences de cette Scabieufe. La circonference de la bafe eft couronnée d'une membrane tres-deliée, redreffée, & rayée de bas en haut, qui s'evafant pour faire place aux pointes de l'eftoile, fait avec toutes les autres, qui font en auffi grand nombre qu'il y avoit de fleurs, quelque chofe de femblable à cét amas d'alveoles, dont les gafteaux des mouches à miel font compofez. Chaque pericarpe contient une feule graine, moindre qu'un grain de bled, faite comme une petite amande, du haut de laquelle naift le pedicule de l'eftoile.

Les feüilles de cette Plante eftant mafchées donnent un fuc mucilagineux, & prefque infipide.

Elle vient d'Italie; nous ne fçavons de quel endroit.

Elle meurt tous les ans.

Il la faut femer au Printemps fur la couche, & la replanter dans des pots, ou en pleine terre, & l'expofer au foleil.

Scolymus chrysanthemus annuus.

Scolyme annuel, a fleur jaune.

Basset sculp.

SCOLYMVS CHRYSANTHEMVS,

ANNVVS.

SCOLYME ANNUEL A FLEUR JAUNE.

IL approche fort du Scolyme de Montpelier. Sa racine eſt fibreuſe, griſaſtre, & produit dés le pied trois ou quatre feüilles vertes & épineuſes, ayant dans leur milieu une veine blanche, qui s'eſtend dans chaque decoupure. La tige eſt ronde par le bas, ailée depuis cét endroit juſques au haut. Les ailes ſont fort épineuſes, & vont s'eſlargiſſant peu à peu vers le haut, où la tige ſe diviſe en trois ou quatre branches, à l'origine de chacune deſquelles il y a une feüille plus épineuſe, & beaucoup plus decoupée que celle d'embas. A l'extremité de chaque branche il y a deux ou trois teſtes reveſtuës de cinq ou ſix feüilles dures, plus decoupées qu'au Scolyme de Montpelier & armées d'eſpines fort dures & fort pointuës. Chaque teſte, qui eſt heriſſée d'aiguillons, & reveſtuë d'eſcailles vertes, produit une fleur compoſée de pluſieurs feüilles jaunes, longues, du ſein de chacune deſquelles il ſort un piſtile noir vers le bas, & jaune en ſon extremité. On trouve dans ces teſtes des graines plates, feüilluës, & couchées les unes ſur les autres comme des eſcailles.

Cette Plante differe du Scolyme de Theophraſte en ce qu'elle eſt annuelle, & ne jette pas ſes feüilles dés le bas de la tige.

On pourroit pretendre que l'Atraɛtylis Marin ou Pycnocome de Pena eſt la meſme Plante que la noſtre ; mais comme cét Autheur ne luy attribue point de veines blanches, & que d'ailleurs il en compare la graine à celle du Carthame, qui eſt fort differente de la noſtre, nous ne pouvons aſſeurer que ce ſoit la meſme.

Elle meurt tous les ans, & doit eſtre ſemée l'Automne en pleine terre, ou ſur la couche au Printemps. Elle aime le chaud. Elle ſe reſeme elle-meſme.

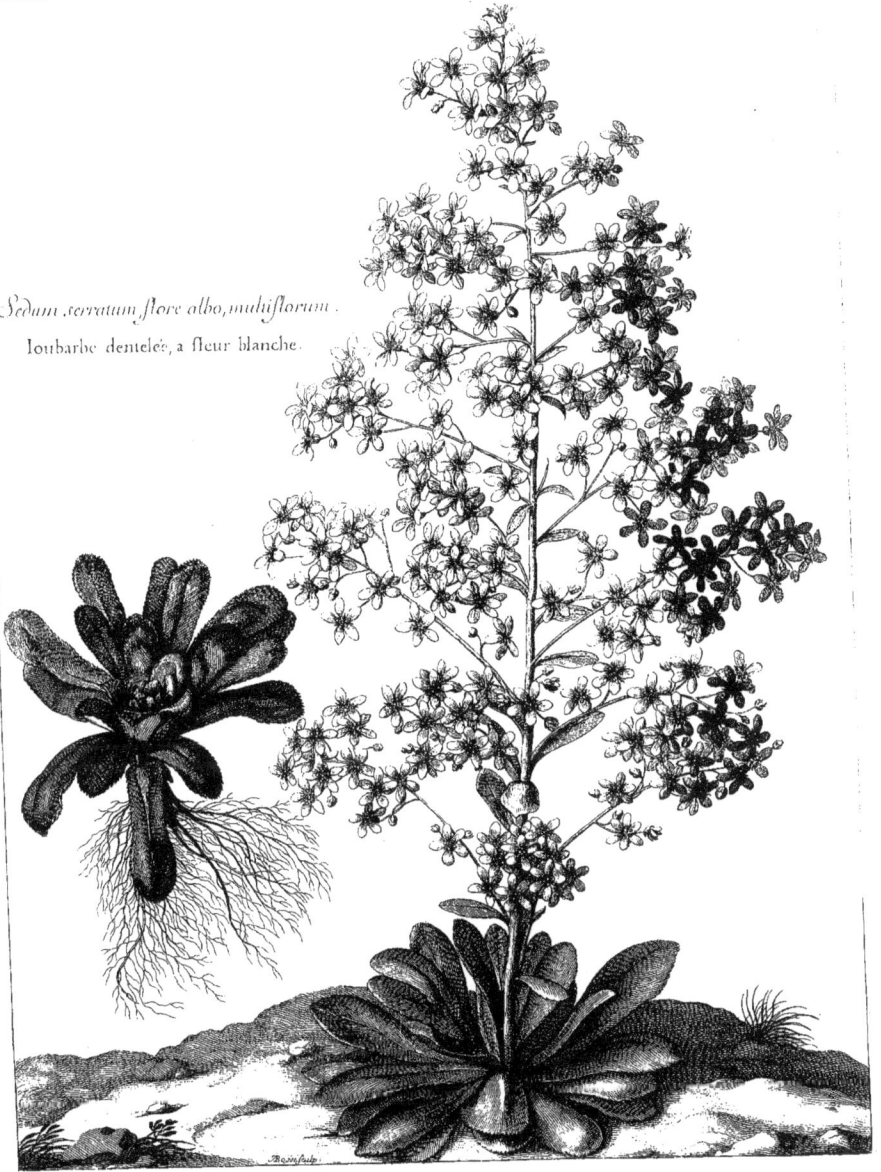

Sedum serratum flore albo, multiflorum.

Ioubarbe dentelée, a fleur blanche.

SEDVM SERRATVM FLORE ALBO

MVLTIFLORVM.

JOUBARBE DENTELE'E A FLEURS BLANCHES.

LA racine de cette Plante eſt fibreuſe, rougeaſtre, & dure. Elle pouſſe en roſe pluſieurs feuïlles eſpaiſſes & charnuës, plus longues que celles de la Joubarbe vulgaire, eſtroites dans leur commencement, d'où elles vont s'eſlargiſſant juſques au bout qui s'arrondit tout court: elles ſont dentelées dans tout leur contour de petites dents tres-égales, ſerrées, aiguës, ſeches, dures, blanchaſtres: ces feuïlles ſont acides avec quelque aſtriction. Du milieu de toutes ces feuïlles il ſort une tige unique, viſqueuſe, rougeaſtre, velüe, haute de plus d'une coudée, groſſe par bas comme le petit doigt, diminuant inſenſiblement juſques au haut, environnée par intervalles de petites feuïlles, du ſein deſquelles ſortent des branches, dont les plus baſſes ſont les plus longues: les autres ſont d'autant plus courtes, qu'elles approchent le plus de la cime, & toutes enſemble diminuant inſenſiblement ſont comme une pyramide. Ces branches ſont garnies de fleurs blanches, attachées deux à deux & trois à trois à des pedicules velus, diſpoſez à l'entour des branches, comme les branches le ſont à l'entour de la tige. Les fleurs ſont d'ordinaire à cinq feuïlles, ſouſtenuës par de petits calices rougeaſtres & velus, à cinq angles. Au dedans de la fleur il y a cinq filets blancs en leur commencement, & rouges par le bout, qui ſont appuyez ſur les feuïlles, & au milieu deſquels il y en a trois autres de ſemblable couleur un peu plus eſlevez. La fleur qui naiſt au bout de chaque branche eſt plus grande que les autres, & le plus ſouvent a ſix feuïlles. Mais celle qui eſt au haut de la tige eſt la plus grande de toutes, & pour l'ordinaire a ſept feuïlles. Elle fleurit la premiere, & les autres ſucceſſivement ſelon leur ordre en deſcendant, & approchant de la tige, de ſorte qu'on voit toûjours cette Plante également fleurie de toutes parts. Les fleurs durent long-temps; & aprés qu'elles ſont tombées, le calice venant à groſſir, devient comme une petite teſte, qui eſt pleine de graines fort menuës.

Elle fleurit au mois de May, & meurt aprés avoir porté ſa graine.

Nous ne ſçavons point que cette Joubarbe ait jamais eſté deſcrite.

Elle paroiſt reſſembler en quelque ſorte au Phyllum Thelygonum de Dalechamp, mais la bonne odeur & la ſaveur aqueuſe qu'il a remarquée en cette Plante ne ſe trouve nullement en celle-cy. D'ailleurs la deſcription qu'il en a donnée eſt ſi courte, & la figure ſi peu ſemblable à noſtre Plante, qu'il n'y a gueres d'apparence que perſonne oſe aſſeurer que ce ſoit la meſme. Quelques-uns la nomment Palmaria Tabernæ Montani. Mais la deſcription & la figure que nous donnons pourront les deſabuſer.

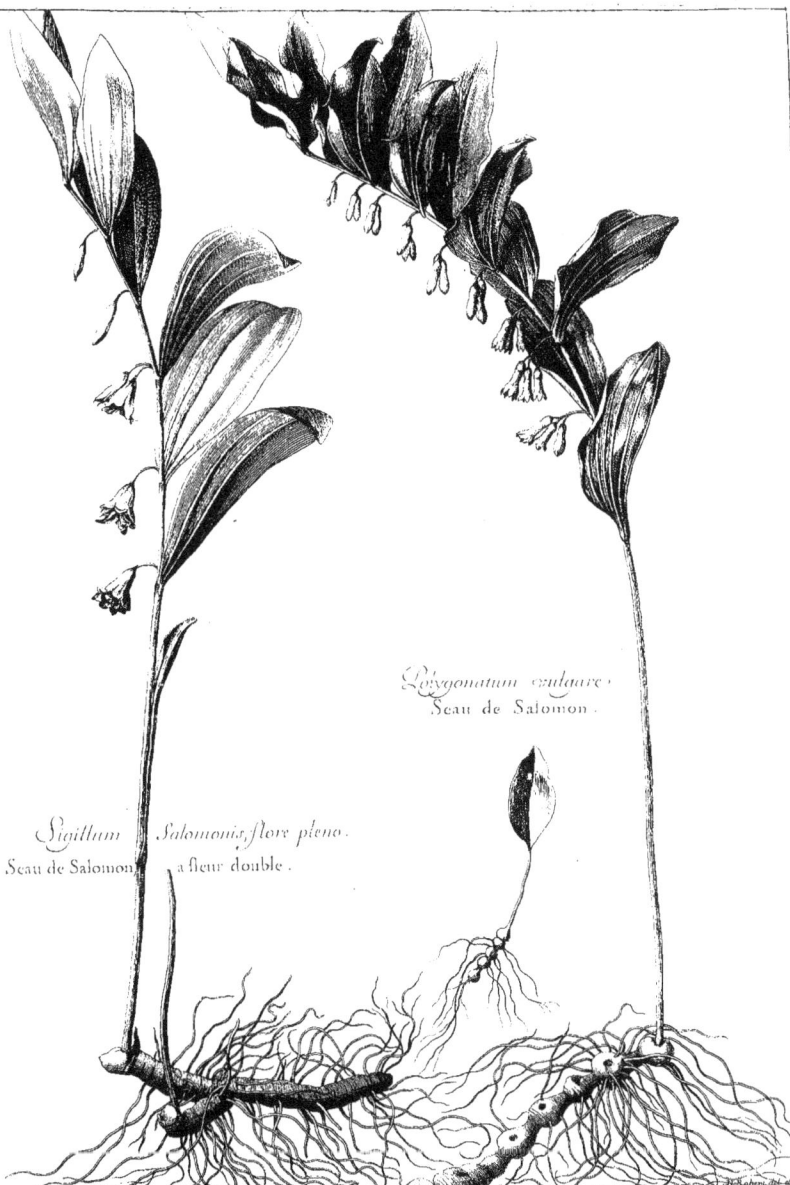

Polygonatum vulgare.
Seau de Salomon.

Sigillum Salomonis, flore pleno.
Seau de Salomon à fleur double.

SIGILLVM SALOMONIS

FLORE PLENO.

SEAU DE SALOMON, A FLEUR DOUBLE.

SA racine eſt ſemblable à celle du Seau de Salomon vulgaire, qui ne differe de cette Plante qu'en ce qu'elle a ſes tiges ſtriées, ſes feüilles plus grandes & plus fermes, ſes fleurs plus longues & plus groſſes, & qu'elles ſont doubles, & d'une odeur aſſez ſemblable à celle de l'Eſpine blanche.

Cette Plante peut venir au Soleil, mais elle y paſſe pluſtoſt qu'à l'ombre. Elle eſt vivace.

M M m

Thlaspi semper virens et florens

Thlaspi toujours verd & toujours fleurissant.

N. Robert del. et sculp

THLASPI SEMPER VIRENS
ET FLORENS.

THLASPI TOUSJOURS VERD ET TOUSJOURS FLEURY.

SA racine eſt blanche, tortuë, ligneuſe. Elle pouſſe peu de fibres, & porte une tige tortuë, inegale, griſaſtre, ligneuſe, qui ſe diviſe dés le bas en pluſieurs branches tortuës, garnies ſans ordre de feüilles, ſans pedicule, fort eſtroites dans leur origine, aſſez rondes par le bout, fermes & charnuës, liſſes, vert-brun en deſſus. Chaque branche ſe termine à une umbelle de pluſieurs fleurs blanches à quatre feuilles rondes, caves en deſſus, deux beaucoup plus petites que les deux oppoſées. Chaque fleur ſort d'un petit calice à cinq feüilles, & porte en ſon milieu cinq ou ſix filets blancs garnis de ſommets couleur de citron; & au milieu de ces filets un piſtile fait en cœur renverſé, qui croiſſant aprés la cheute de la fleur, devient une capſule plate ſeparée en deux parties, dans chacune deſquelles eſt une graine plate & rouſſe.

La racine eſt acre & amere. Les feüilles ſont acres, & la graine tres-acre.

Cette Plante eſt tousjours verte, & fleurit preſque toute l'année, meſme en Hyver, ſoit qu'on la cultive en pleine terre, ou dans des pots.

Elle nous a eſté envoyée par Monſieur Andrea da Roſſo Gentilhomme Florentin.

N N n

Trachelium Americanum minus, flore cœruleo paulo.

Petit Trachelium d'Amerique, a fleur bleüe fort ouverte.

N. Robert del. et sculp.

TRACHELIVM AMERICANVM

MINVS FLORE COERVLEO PATVLO.

PETIT TRACHELIUM D'AMERIQUE, A FLEUR BLEUE
FORT OUVERTE.

CETTE Plante a la racine blanche , fibreuse & chevelu̇e. Elle pousse d'abord en
rose des feüilles longues d'un pouce & demy , & larges d'environ trois lignes, legerement crenelées, fermes, lisses, & d'un vert plus brun en dessus qu'en dessous. Du
milieu de ces feüilles sort une tige un peu striée , haute environ de demy - pied, garnie
à l'entour de feüilles d'une figure semblable à celles d'embas , mais plus petites & plus
pointuës. Elle jette vers le milieu plusieurs branches , qui poussent des feüilles comme
la tige, mais plus petites & plus pointuës. Chacune porte en son extremité sur un calice
divisé en cinq, une fleur d'un bleu tirant sur le violet, semblable à une cloche fort éva-
sée , divisée en cinq, du milieu de laquelle sort un stile jaune - verdastre , divisé par le
haut en trois ou quatre. Au bas de ce stile il y a cinq petits filets jaunes, qui soustien-
nent des sommets deux fois plus longs que les filets. La fleur estant passée , le calice
grossit , & forme comme une estoile, au milieu de laquelle le pericarpe s'esleve divisé
en trois, & contenant une petite graine rousse comme celle des Raiponces.

La racine jette à ses costez d'autres racines qui donnent des rejettons.

Les feüilles ont un goust legerement astringent.

Cette Plante est vivace.

Il est mieux de la cultiver à l'ombre. Il faut separer ses rejettons en Automne; ou au
Printemps.

Elle nous a esté apportée de l'Amerique.

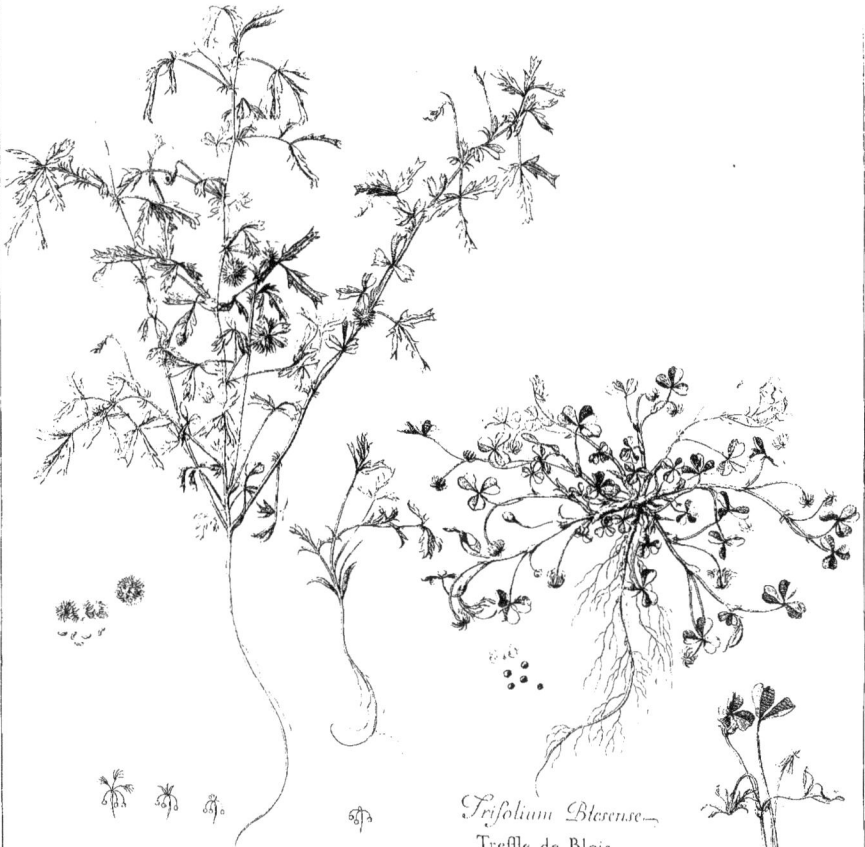

Trifolium Blesense.
Trefle de Blois.

Trifolium echinato capite.
Trefle a teste heriffée.

TRIFOLIVM BLESENSE.

TREFLE DE BLOIS.

SA racine eſt blanche & fibreuſe. Elle jette pluſieurs tiges rougeaſtres, veluës, couchées par terre, & longues environ d'un demy-pied. Il ſort de ces tiges à chaque
nœud, un pedicule long environ de trois pouces, au bout duquel ſont attachées trois
feüilles veluës jointes enſemble comme celles des autres Trefles, & de la figure d'un
cœur. Elles ſont acres & auſteres avec quelque amertume. Aux aiſſelles il naiſt un pedicule long d'un pouce, qui ſe ſubdiviſe à l'extremité en trois ou quatre pedicules oppo-
ſez, chacun deſquels porte une fleur blanche legumineuſe. Chaque fleur ſort d'un calice
diviſé en cinq pointes tres-deliées, barbuës en leur extremité, & le fond de ce calice eſt
un pericarpe. Quand ces fleurs ſont tombées, il ſe forme à leur place une teſte qui contient la graine. Cette teſte s'enfonce d'elle-meſme dans la terre juſques à une certaine profondeur. La maniere dont cette teſte ſe forme ſemble donner quelque lieu d'expliquer
comme elle s'enfonce. Pour entendre comment cela ſe fait, il faut ſe ſouvenir que les
fleurs viennent trois à trois ſur un pedicule commun, & que chacune a ſon pedicule particulier naiſſant de l'extremité de ce pedicule commun. A meſure que ces fleurs ſe fle-
ſtriſſent, les pedicules particuliers avec les calices qu'ils portent, en s'écartant l'un de l'autre, ſe renverſent ſur le pedicule commun. Du milieu de ces trois ou quatre pedicules
particuliers, c'eſt à dire de l'extremité du pedicule commun, naiſt d'abord comme une
petite pointe, qui s'alongeant, ſe diviſe en quatre ou cinq autres petites pointes droites,
chacune deſquelles en croiſſant, ſe ſubdiviſe encore en cinq par le bout, & fait comme
une eſpece de main, qui ſe rabat en rond vers le pedicule commun. A meſure que ces
premieres pointes croiſſent, & ſe ſubdiviſent, il naiſt du centre de leur origine d'autres
pointes droites, qui croiſſant de meſme, ſe recourbent ſur les premieres, & ſe ſubdiviſent:
de ſorte que toutes ces pointes recourbées vers le pedicule commun, & toutes ces mains
appliquées ſucceſſivement les unes ſur les autres, compoſent peu à peu une eſpece de
panier ſpherique, qui renferme les calices des fleurs & leurs pericarpes.

Lors que cette teſte eſt en cet eſtat, elle eſt ordinairement desja bien avant dans la
terre: car à meſure qu'elle ſe forme, & qu'elle croiſt, elle s'y enfonce de plus en plus: ce
qui ſe fait apparemment en cette maniere. Tandis que les pointes qui doivent compoſer
cette teſte ſortent du pedicule commun entre les trois pedicules particuliers, ce pedicule
commun ſe recourbe vers la terre, à laquelle ces pointes s'appliquant droites, ſimples,
& à plomb, y entrent aiſément, aidées par l'effort que fait le pedicule en ſe rabatant.
Quand elles y ſont entrées, ces pointes qui ſe recourbent vers le pedicule commun, venant à croiſtre, & ſe ſubdiviſer, font effort contre la terre dont elles ſont desja couvertes;
& ne pouvant ny la ſoulever, ny la percer de bas en haut, enfoncent la teſte de plus en
plus, aidées par les autres pointes qui naiſſent en meſme temps droites comme pour piquer en fonds. Ces autres pointes, aprés eſtre entrées, ſe recourbant à leur tour vers le
pedicule commun, font comme les premieres; & toutes ſucceſſivement compoſant la
teſte & la groſſiſſant, l'enfoncent de plus en plus à la profondeur de deux ou trois pouces. Durant ce temps la graine unique qui eſt dans chaque pericarpe groſſit, & meurit en-
fermée dans ce panier, où on la trouve enveloppée de trois membranes. La premiere eſt
le calice; la ſeconde eſt blanche, & couvre toute la graine; la troiſieſme eſt fort liſſe, d'un
violet brun, luiſant. La graine a un gouſt aſſez ſemblable à celuy des pois.

Cette Plante fleurit en Juin, Juillet & Aouſt. Elle eſt annuelle. On voit aſſez par ce qui
a eſté dit qu'elle pullule fort aiſément.

Feuë S. A. R. Monſieur Gaſton de France Duc d'Orleans eſt le premier qui la remarquée dans le Parc du Chaſteau de Chambort.

P P p

Trifolium echinato capite

Trefle a teste herissée.

Trifolium Blesense

Trefle de Blois.

TRIFOLIVM ECHINATO CAPITE.

TREFLE A TESTE HERISSE'E.

S A racine eſt blanche , fibreuſe, & porte une tige ronde garnie de feuïlles longues,
inegalement dentelées, recoupées de pluſieurs denteures à leur extremité, & jointes enſemble trois à trois au bout de chaque pedicule. Les aiſſelles ſont environnées de
petites feuïlles qui reſſemblent à des eſpines. Du milieu des aiſſelles il ſort un petit ſion
long de deux pouces, du milieu duquel naiſt une petite fleur legumineuſe jaune. La
fleur eſtant paſſée, il ſe forme une petite teſte heriſſée , compoſée d'une bande verte,
large du demy-diametre de la teſte. Cette bande eſt armée en dehors de deux rangs de
pointes: elle eſt roulée & couchée ſur elle-meſme comme les pas d'une vis. Les graines
ſont comme enchaſſées d'eſpace en eſpace dans l'eſpaiſſeur de cette bande. Elles ſont
jaunes, de la figure d'un rein, & d'une ſaveur legumineuſe.

Les feuïlles de cette Plante ſont acides.

Elle fleurit en May & en Juin.

Elle eſt annuelle, mais elle ſe reſeme de ſoy-meſme.

Elle vient en toute terre & en toute expoſition.

M. Magnol Doﬅeur en Medecine, tres-curieux & tres-ſçavant dans la connoiſſance
des Plantes, nous l'a envoyée de Montpelier.

Verbena peregrina, foliis Vrticæ.
Verveine eſtrangere, a feuilles d'Ortie.

N. Robert del.et. fcul.

VERBENA PEREGRINA

FOLIIS URTICÆ.

VERVEINE ESTRANGERE A FEÜILLES D'ORTIE.

LA racine de cette Plante eſt blanche & fibreuſe. Elle produit une tige & quelquefois pluſieurs, hautes de trois pieds & plus. Elles ſont droites, quarrées, noüeuſes, rudes, moüelleuſes, garnies par intervalles de feüilles deux à deux directement oppoſées l'une à l'autre, celles d'un nœud croiſant celles du nœud le plus proche. Elles ſont ridées, nerveuſes, dentelées, longues d'environ quatre ou cinq pouces, & aſſez ſemblables dans tout le reſte à celles de la grande Ortie, mais d'un verd plus obſcur. La tige eſt branchuë depuis le milieu, & chaque branche porte pluſieurs eſpics de fleurs blanches ſemblables à celles de la Verveine commune, mais plus petites.

La racine eſt acre.

Cette Plante fleurit en Juillet. Elle eſt vivace, & vient en pleine terre en toute expoſition.

R R r

Virga aurea Mexicana, Limonij folio.
Verge dorée de Mexique, a feuilles
de Limonium.

VIRGA AVREA MEXICANA
LIMONII FOLIO.

VERGE DORÉE DE MEXIQUE, A FEUILLES DE LIMONIUM.

LA racine de cette Plante eſt raboteuſe, brune en dehors, jaunaſtre en dedans, ligneuſe, garnie de quantité de fibres blanchaſtres, acre, & aromatique. Les feuilles qui partent de la racine ſont longues de huit pouces, fort eſtroites dans leur commencement, qui ne paroiſt eſtre qu'un pedicule juſques au milieu de leur longueur. Du milieu de ces feuilles ſortent des tiges rondes, rougeaſtres, panchantes, dures & moüelleuſes. Elles ſont reveſtuës de feuilles ſans pedicule, longues de cinq pouces, & larges d'un pouce. Toutes les feuilles ſont épaiſſes, luiſantes, & aſſez ſemblables à celles du grand Limonium; celles du haut de la tige ſont à proportion plus eſtroites. De leurs aiſſelles ſortent les branches, dont les feuilles ſont d'autant plus petites qu'elles ſont plus loin de la tige. De l'aiſſelle de chacune de ces petites feuilles naiſt un pedicule, qui ſouvent ſe ſubdiviſe. Chacun de ces pedicules porte une teſte compoſée de petites feuilles induſtrieuſement rangées les unes ſur les autres, de laquelle naiſt une fleur radiée d'un beau jaune.

Cette Plante fleurit en Aouſt, & vient auſſi-bien à l'ombre qu'au ſoleil, mais elle fleurit plus tard.

Elle aime une terre graſſe.

On la diſtingue des deux eſpeces de grand Limonium, meſme avant qu'elle ait pouſſé ſa tige & ſes fleurs, en ce que la feuille du grand Limonium eſt mouſſe, que la coſte de la feuille pouſſe un filet au-delà de l'extremité de la feuille, que ſes bords ſont ondoyans, & qu'elle eſt acide. Au lieu que celle de la Verge dorée de Mexique finit inſenſiblement en pointe, ſans filet, n'ondoye point par les bords, & eſt d'une ſaveur acre, aromatique, moyenne entre celle de l'Ache & celle de l'Angelique.

Urtica racemosa, Canadensis.

Ortie a grappes, de Canada.

N. Robert del. et sculp.

VRTICA RACEMOSA CANADENSIS.

ORTIE A GRAPPE, DE CANADA.

L A racine de cette Plante eft rougeaftre & peu fibreufe. Elle jette plufieurs tiges hautes de trois à quatre pieds, moüelleufes, rondes, rudes, & reveftuës d'une écorce verte, tiffuë de fibres difficiles à rompre. Ces tiges font environnées alternativement & par intervalles de feüilles larges, pliffées comme à tuyaux boüillonnez, dentelées, veluës deffus & deffous, feches & rudes au toucher fans eftre picquantes, attachées à des queuës rondes & affez longues. Il fort des aiffelles & vers la fommité des grappes de fleurs vertes, femblables à celles de l'Ortie vulgaire.

Sa graine eft comme celle de l'Ortie vulgaire.

Cette Plante fleurit en Juillet. Elle eft vivace, mais elle perd fes tiges tous les ans.

Il la faut planter à l'ombre dans une terre graffe.

Elle a efté apportée de Canada à feu M. Robin.

Vrtica pilulifera 1.ª Dioscoridis, semine Lini.
Premiere Ortie a balles,   de Dioscoride,
a semence de Lin.

Vrtica altera epilulifera Parietariæ folijs.
Seconde Ortie   a balles, de Dioscoride, a feuilles
de Parietaire.

N. Robert del. et Jcul.

VRTICA ALTERA PILVLIFERA

PARIETARIÆ FOLIIS.

SECONDE ORTIE A BALLES, A FEÜILLES DE PARIETAIRE.

ELLE reſſemble en tout à l'Ortie à balles de Dioſcoride, excepté que les feüilles ſont ſemblables à celles de la Parietaire.

Elles n'ont toutes deux, eſtant dans leur perfection, aucune ſaveur conſiderable. On a ſeulement obſervé que la racine tendre, & la jeune pouſſe d'Ortie à feüilles de Parietaire, avoit un gouſt de verd aſſez fort, meſlé de quelque acreté aromatique, mais moins que dans l'Ortie à balles de Dioſcoride.

Elles fleuriſſent en Juin, ſont annuelles, & doivent eſtre ſemées en Automne, ou ſur la couche au Printemps. Il n'importe en quelle terre. On a plus de peine à les deſtruire qu'à les élever.

CORRECTIONS.

PAGE *14. ligne 11.* ſuffiſent, *liſez* ſuffit. *pag. 44. lig. 9.* ſuc, avec tout ces ſels examinez, *liſ.* ſuc avec tous les ſels examinez. *pag. 61. lig. 16.* effilées par le bout, *liſ.* affilées en pointe par le bout. *pag. 81. lig. 1.* SERPENTARIA, *lıſ.* DRACONTIVM SIVE SERPENTARIA. *pag. 83.* AMERICANUM COERULEUM FOLIIS, *liſ.* AMERICANVM FOLIIS. *ibid.* D'AMERIQUE A FLEUR BLEUE ET A FEÜILLES, *liſ.* D'AMERIQUE A FEÜILLES. *lign. 11. & de deux* petites qui ſortent, *liſ.* & deux petites feüilles qui ſortent. *ibid. lign. 14.* & quelquefois deux pedicules recourbez vers l'extremité, *liſ.* & quelquefois vers l'extremité deux pedicules recourbez. *pag. 99. lig. 14.* attachez par bas aux feüilles, *liſ.* attachez aux feüilles par bas.

V V u

A PARIS,

DE L'IMPRIMERIE ROYALE,

PAR SEBASTIEN MABRE-CRAMOISY,

Directeur de ladite Imprimerie.

M. DC. LXXV.